JN016547

総務担当者のための

廃棄物処理・情報管理 Q&A

そのゴミ、
家で捨てると
違法かも!?

弁護士
永野 亮【著】

第一法規

はしがき

はじめに、本書の出版に当たり、多大なるご尽力をいただいた友人の牧野弁護士、法律系Vtuberじゃこにゃーさん及び、第一法規の編集者様にお礼申し上げます。

コロナ禍にあって、多くの企業はこれまでの勤務形態の抜本的見直しを迫られ、通勤や職場での感染を避けるために、リモートワークやWEB会議が積極的に取り入れられました。このようなリモート・デジタル化の潮流は緊急時の一時的な措置ではなく、今後もさらに加速することが予想され、企業はリモートワークを新たな従業員の働き方の選択肢の１つとできるように、ビジネスモデルを再構築する必要が生じることが考えられます。

他方、リモートワークが推進されることに伴って、企業はリモートワークで勤務する従業員の排出するごみ（廃棄物）や、機密情報・個人情報の管理について、コンプライアンスを重視した対応を求められることになります。

本書は、総務・法務の方に向けた、主に従業員のリモートワークの際のごみの取扱いについて解説したQ&A方式の書籍です。

本書をご覧になる方は、もちろん最初から順に読んでいただいても構いませんし、関係のありそうなQを確認して、途中から読んでいただく使い方も有用です。その際には、目次及び索引を使って該当箇所を探していただければと存じます。

本書が事業者の皆さまにとって、問題解決の一助になれば幸甚でございます。

2022年１月

永野　亮

本書の内容現在日：2021年12月31日現在（原則）

目　　次

はしがき

第１章　基礎編　～ごみの種類と処理方法を理解しよう！

1　勤務形態がテレワークに移行、廃棄物処理はどう変わる？…2
2　企業に関係する法令の概要…5
3　廃棄物処理法…7
4　容器包装リサイクル法…9
5　小型家電リサイクル法…11
6　資源有効利用促進法…13
7　地球温暖化対策法…17
8　海岸漂着物処理推進法…19
9　プラスチック資源循環法…21
10　会社情報・個人情報の保護関連…24

第２章　Q＆A 編　～判断に迷った時に活用しよう！

Part1　テレワークにおける廃棄物処理・情報管理

Q１　テレワークってなに？…28
Q２　テレワークの際に出るごみには、どんなものがある？…33
Q３　産業廃棄物の処理責任とはどのようなものですか？…39
Q４　テレワークの際に出る事業系一般廃棄物とは？…43
Q５　「電子廃棄物」とは何でしょうか？…47
Q６　廃プラスチックは産廃？…50
Q７　社用パソコンの処分について①…54
Q８　社用パソコンの処分について②…58
Q９　テレワーク中に紙媒体の廃棄物を家のごみとして処分してもよい？…61
Q10　テレワーク中に会社の備品を家のごみとして処分してもよい？…66

Q11　テレワーク中に出たごみは焼却処分してもよい？…70
Q12　従業員が個人で処理業者に廃棄物を引き渡してもよい？…73
Q13　正しい廃棄物処理の周知…75
Q14　従業員が廃棄物を適正に処分しなかった場合は？…78
Q15　廃棄物の自己搬入について…81
Q16　機密情報が記載された書類の処分…85
Q17　在宅以外で施設を利用する際の廃棄物の扱い…88
Q18　社内規程への反映は？…92
Q19　テレワーク時の機密情報の管理について…98
Q20　自治体の案内について…101

Part2　ポストコロナ時代のオフィスにおける廃棄物処理・情報管理
Q21　社内で不要となった電子機器の処分方法は？…105
Q22　電子廃棄物の処分を業者に委託する際の注意点…109
Q23　電子廃棄物のリサイクルを業者に依頼する際の注意点…114
Q24　テレワーク中の従業員は正しいごみの処理をしている？…117
Q25　テレワーク移行後のオフィス内の清掃について…119
Q26　会社へ廃棄物を発送してもよい？…122
Q27　新型コロナウイルスの感染経路となりうる廃棄物の扱い…125

―参考資料―テレワークにおける廃棄物処理・情報管理に関する社内規程例…129

索引…137

第１章　基礎編

～ごみの種類と処理方法を理解しよう！

1 勤務形態がテレワークに移行、廃棄物処理はどう変わる?

(1) コロナ禍によるリモート・デジタル化の推進

新型コロナウイルスの世界的な拡大によって、多くの企業はこれまでの勤務形態の抜本的見直しを迫られました。密な通勤や職場での感染を避けるため、IT ツールを活用したリモートワークや WEB 会議が積極的に取り入れられ、リモート・デジタル化の波はここ数年で急激に浸透したといえるでしょう。

リモート・デジタル化については、単に感染症の拡大を避けるためというだけでなく、生産性の向上や従業員のストレスの軽減等、業務効率にポジティブな影響があることや、通勤時間の削減等により自由な時間が増えることにより、育児や介護と業務の両立が可能になる等、QOL（Quality of Life）が改善し、従業員の離職の防止につながる効果があることも、多くの企業の注目を集めています。

加えて、今後も再び感染症等の拡大によって従業員がリモートワークを余儀なくされる事態が発生することもないとはいえない状況に鑑みると、将来ほとんどの企業において、何らかの形でさらなるリモート・デジタル化が図られると予想されます。

(2) コロナ禍によるごみの増加等の問題点

他方、従業員のリモートワーク等が推進されることによって、新たな問題も浮上しています。

第１に、コロナ禍で世界的にプラスチック容器等のごみが増えたとの指摘があります。

海外では従前からプラごみ等の不法投棄が顕著な問題となっていたところ、コロナ禍によってプラごみ減少への取組みが停滞するとともに、リモートワークにより在宅の時間が増えたことで、使い捨ての食品容器やネットショッピングの包装、感染防止のための衛生用品等の廃棄が急増し、プラごみの量はかえって増加したと指摘されています。

そのため、今後は、国内外を含めて、特にプラごみへの規制強化が進むと考えられます。

第２に、「リモートワークの際に発生するごみの処理をどのようにすべきか」という問題がクローズアップされています。

企業活動に伴い発生したごみの処理に関しては、従来であれば事業所で発生したごみについてのみ意識していれば良かったものの、リモートワーク等により事業所外で生じたごみについても、「どのようなごみに」「誰が」「どのような処理責任を負うのか」という点について適切に把握し、あらかじめ従業員に対して周知し、必要に応じて社内規程を整備しておかなければならなくなりました。

リモートワークの際に発生するごみの処理については、従前の社内規程等には定められていないことが多いため、従業員から処理方法について質問を受けた場合にも適切に対応することができるよう、リモートワークで生じるごみの処理について整理しておく必要があります。

また、事業所における勤務形態が変化することに伴って、対応しなければならない問題も生じています。リモート・デジタル化の推進及び感染症の拡大防止措置の導入に伴って、事業所の規模を縮小したり、レイアウトの変更を行ったりした企業も少なくありませんが、社内で不要となった机や事務用品等の処分方法についても、確認しておく必要があるでしょう。

最後に、契約書類等の重要書類及び社内、社外の個人情報といった機密情報の管理方法も重要です。リモートワークの際に従業員が自宅で業務上の機密情報を用いたり、処分したりする場合の対応について、あらかじめ確認しておく必要があります。

 企業に関係する法令の概要

事業活動によって生じたごみ（特に産業廃棄物）の処理については**「廃棄物の処理及び清掃に関する法律」**（以下、「廃棄物処理法」）、ガラスびん、ペットボトル、紙製容器包装、プラスチック製容器包装、段ボール容器包装等の処理については**「容器包装に係る分別収集及び再商品化の促進等に関する法律」**（以下、「容器包装リサイクル法」）が、それぞれ必要な事項を規定しています。

また、令和４年４月１日施行の**「プラスチックに係る資源循環の促進等に関する法律」**（以下、「プラスチック資源循環法」）は、プラスチックごみの削減に関して、製品の設計からプラスチック廃棄物の処理までに関わるあらゆる主体におけるプラスチック資源循環等の取組み（3R＋Renewable：ごみを減らし、再生可能な資源に置き換えること）を促進する法律として注目されています。

次に、パソコン、スマートフォン、デジタルカメラや電子辞書などの電子機器は、事業所で発生した小型家電として、**「使用済小型電子機器等の再資源化の促進に関する法律」**（以下、「小型家電リサイクル法」）上のリサイクルの対象となる可能性があります。また、使用済みのパソコンは、**「資源の有効な利用の促進に関する法律」**（以下、「資源有効利用促進法」）により、メーカーによる回収とリサイクルが努力義務として定められています。

この「小型家電リサイクル法」と「資源有効利用促進法」、また「廃棄物処理法」については、対象となる品目が重複する場合がありますが、それらの関係については、第２章のＱ＆Ａにおいて取り上げ

ます。

また、企業は、温室効果ガス排出量の削減と、グリーン化社会の実現のための配慮も行う必要があります。温室効果ガスを排出する事業所を所有する事業者等は、現時点で「**地球温暖化対策の推進に関する法律**」（以下、「地球温暖化対策法」）の「特定排出者」に該当しているかどうかにかかわらず、地球温暖化対策法や、「**エネルギーの使用の合理化等に関する法律**」（以下、「省エネ法」）等、温室効果ガスの排出に関連する法令の制定・改正等の情報に十分に注意する必要があります。

最後に、企業の機密情報との関係では、リモートワークで使用した電子機器や書類に機密情報となるべき情報等が含まれている場合、かかる機器及び書類等を処分する際には、「**個人情報の保護に関する法律**」（以下、「個人情報保護法」）や「**不正競争防止法**」に留意しなければなりません。

3 廃棄物処理法

廃棄物処理法は、ごみの処理についての基本を定める法律です。

（1）廃棄物処理法の概要

廃棄物処理法は、ごみの処理（収集・運搬・処分）に関し、①事業活動によって排出された廃棄物のうち、「産業廃棄物」に該当する20区分の廃棄物については、事業者が自らその処理責任を負い、②「産業廃棄物」に該当しない「一般廃棄物」については、市町村が処理責任を負う旨を規定しています。

事業者は、排出するごみが「産業廃棄物」に該当する場合、自ら廃棄物を処理するほか、処分業者に処理を委託することができますが、排出事業者責任の観点から、処分業者に処理を委託した場合も、処理が適正に行われたことの確認が義務付けられており、排出事業者には、委託先へのマニフェストの交付や、最終処分までの処理状況の確認等を適切に行うことが求められています。

（2）廃棄物処理法による規制の対象

事業者が排出する「産業廃棄物」のうち廃油や PCB 汚染物等は、「特別管理産業廃棄物」に指定されています。これは、廃棄物のうち爆発や感染等の危険性があるものについて、特に注意が必要とされているためです。

そのため、事業者は、ごみを排出する場合には、それが「産業廃棄物」に該当するか、産業廃棄物に該当する場合には上記の「特別管理産業廃棄物」に該当するかを確認した上で、廃棄物の種類や量に照らして必要な処理を行う必要があります。

(3) 産業廃棄物に該当する場合の処理の概要

事業者が排出するごみが「産業廃棄物」に該当する場合、事業者は当該産業廃棄物が最終処分されるまで適正な処理を行わなければならず、処理業者の許可の有無の確認や、最終処分場の確認を適切に行うことが義務付けられています。

事業者が自ら産業廃棄物の保管、処理を行う場合には、産業廃棄物を飛散等させないよう、保管や処分の基準を遵守しなければなりません。

産業廃棄物の処理を第三者に委託する場合でも、前述の通り産業廃棄物の最終的な処理責任は事業者が負うことになるため、委託に際しては基準に適合する業者を選定し、その能力を確認する必要があります。また、適切な処理を担保する観点から、マニフェストを交付しまたは交付された事業者及び処理業者は、その写しを5年間保存することを義務付けられています。そして、上記の基準等に違反した場合には、事業者にも懲役や罰金が科せられる可能性があります。

そのため、詳細は第2章において解説しますが、リモートワークを行う従業員が事業所外から出す「ごみ」についても、産業廃棄物に該当しないか、該当した場合にどのように処理する必要があるか等を確認しておく必要があります。

 容器包装リサイクル法

容器包装リサイクル法は、缶、びん、ペットボトル、ダンボールなどの容器包装の処理について定められている法律です。

（1）容器包装リサイクル法の概要

容器包装リサイクル法は、物理的、または経済的に、製品に対する生産者の責任を製品のライフサイクルにおける消費後の段階にまで拡大させるという環境政策アプローチである「拡大生産者責任」の考えをもとに、製造や販売の段階で、より環境負荷が低く、リサイクルしやすい製品を製造することによって、容器包装の製造から処分に至るサイクルの全体を通して、環境負荷の低い製品が製造されることを目的としています。

そのため、3R（リデュース（Reduce)、リユース（Reuse)、リサイクル（Recycle)）の観点から、生産者や小売業者に対してリサイクルを行うための様々な義務を定めています。

（2）容器包装リサイクル法の対象

容器包装リサイクル法は、商品の容器及び包装であって、費消され分離された場合に不要となるものを「容器包装」とし、この容器包装が一般廃棄物となったものを「容器包装廃棄物」と定めています。

この「容器包装廃棄物」には、たとえば家庭から出る金属（アルミ缶、スチール缶)、ガラスびん、紙（紙パックや段ボール)、ペットボトルが該当します。

（3）容器包装リサイクル法による規制の概要

「容器包装廃棄物」に該当する場合、消費者は当該廃棄物を分別して排出することになります。そして、分別された廃棄物は、市町村によって回収され、リサイクル業者に引き渡されることにより、リサイクルが行われます。また、容器の製造・容器や包装の利用を行った事業者は、ガラス製容器、紙製容器包装、ペットボトル、プラスチック製容器包装について、再商品化することが義務付けられています。

さらに、指定される小売業に属する事業を行う者（指定容器包装利用事業者）については、容器包装の使用原単位の低減に関する目標を定めること（＝目標設定）と、これを達成するための取組みを計画的に行うこと（＝容器包装の使用の合理化）が求められるほか、当該年度の前年度において用いた小売業用途の容器包装（紙・段ボール・プラスチック製容器包装及びその他の容器包装の合計）の量が50トン以上である事業者は、「容器包装多量利用事業者」として、前年度に用いた容器包装の量及びその使用原単位等を算出し、毎年度６月末日までに定期報告書にこれらの量を記入し、提出することが求められます。

この「容器包装リサイクル法」との関係では、詳しくは第２章において述べますが、事務所外でリモートワークを行っている従業員が出すペットボトルについて、「産業廃棄物」に該当するのか、「容器包装廃棄物」としてリサイクルの対象となるのか、処理責任を誰がどのように負うのか等が問題となる可能性があります。

5 小型家電リサイクル法

（1）小型家電リサイクル法の概要

小型家電リサイクル法は、デジタルカメラやゲーム機等の使用済小型電子機器等の内部に含まれる有用な資源のリサイクル・再資源化を促進することを目的としています。

これは、従来「家電リサイクル法」の対象品目に該当しない小型家電は、各自治体の処理方法に基づき、大半が一般廃棄物として処分されてきましたが、使用済小型電子機器等に利用されている金属その他の有用なものの相当部分が回収されずに廃棄されてしまっていたことや、かかる機器等の内部に含まれる鉛などの有害物質が適切に処理されることなく廃棄されていたことが問題視され、それらの問題を解決するために制定されました。

（2）小型家電リサイクル法による規制の対象

小型家電リサイクル法は、携帯電話端末・デジタルカメラ・パソコン・電子書籍端末・電卓・プリンター等の28分類を「小型電子機器等」として定めています。

（3）使用済小型電子機器等に該当する場合の処理の概要

使用済小型電子機器等の収集・運搬・処分を行おうとする事業者は、収集区域を含む「再資源化事業計画」を作成し、環境大臣・経済産業大臣の認定を受けることで、「認定事業者」となります。認定事業者は、使用済小型家電の収集等を通じて利益を得られる可能性がある反面、継続的に適正な処理をする必要があることから、当該区域内市町村が分別収集した機器等を引き取る義務を負うことになります。

廃棄物処理法との関係では、上記の認定事業者になった場合、廃棄物処理法上の許可を受けることなく、使用済小型電子機器について消費者から市町村が分別収集したものを処理したり、拠点で直接回収した機器等を処理したりすることができます。

リモートワークとの関係では、たとえば会社から支給されて自宅で使用しているパソコンを廃棄する場合に、小型家電リサイクル法の対象となるのか、対象となる場合、どのように処理すればよいのかが問題となる可能性があります。

詳しくは第２章で解説します。

6 資源有効利用促進法

（1）資源有効利用促進法の概要

資源有効利用促進法は、事業者による製品の回収・リサイクルの実施などのリサイクル対策の強化の観点から、使用済みの物品や副産物の発生を抑制したり、再生資源や部品の利用促進を図ったりすることで、循環型経済システムの構築を目指すことを目的としています。

廃棄物処理法が「廃棄物」の適正処理について基本的な事項を定めているのに対し、資源有効利用促進法は「リサイクルの推進」に関する事項を定めています。

この資源有効利用促進法は、製品を製造する事業者等に対して、主務大臣（事業所管大臣等）が、当該業種・製品の製造事業者等の「判断の基準となるべき事項」（判断基準）を主務省令にて示し、事業者に対して指導・助言を行うことができることを定めています。

また、一定規模以上の事業者に対しては、再資源化のための判断基準の遵守について勧告や命令等の手段を講じることができる旨が定められています。

（2）資源有効利用促進法の対象

資源有効利用促進法は、10業種・69品目を対象業種・対象製品として、対象の事業者に対し、3R の観点から取組みを求めています。

対象業種と求められる取組みの概要は以下の通りです。

①　特定省資源業種

パルプ製造業及び紙製造業や製鉄業及び製鋼・製鋼圧延業、自動車製造業（原動機付自転車の製造業を含む）等の特定省資源業種に該当する事業者は、副産物の発生抑制等（原材料等の使用の合理化による副産物の発生の抑制及び副産物の再生資源としての利用の促進）に取り組むことが求められます。

②　特定再利用業種

紙製造業、ガラス容器製造業、建設業、複写機製造業等の特定再利用業種に該当する事業者は、再生資源または再生部品の利用に取り組むことが求められます。

③　指定省資源化製品

パソコン、金属製家具（金属製の収納家具、棚、事務用机及び回転いす）、自動車、家電（テレビ、エアコン、電子レンジ等）等の製品の製造事業者（自動車については製造及び修理事業者）は、原材料等の使用の合理化、長期間の使用の促進、その他の使用済物品等の発生抑制に取り組むことが求められます。

④　指定再利用促進製品

パソコン・金属製家具（金属製の収納家具、棚、事務用机及び回転いす）、家電（テレビ、エアコン、電子レンジ等）、小形二次電池使用機器（電動工具、コードレスホン等の29品目）等の製品の製造事業者（自動車については製造及び修理事業者）は、再生資源または再生部品の利用の促進（リユースまたはリサイクルが容易な製品の設計・製造）に取り組むことが求められます。

⑤　指定表示製品

スチール製の缶、アルミニウム製の缶、ペットボトル、小形二次電池（密閉形ニッケル・カドミウム蓄電池、密閉形ニッケル・水素蓄電池、リチウム二次電池、小形シール鉛蓄電池）、塩化ビニル製建設資材（硬質塩化ビニル製の管・雨どい・窓枠、塩化ビニル製の床材・壁紙）、紙製容器包装、プラスチック製容器包装の製品の製造事業者及び輸入事業者は、分別回収の促進のための表示を行うことが求められます。

⑥　指定再資源化製品

パソコン（ブラウン管式・液晶式表示装置を含む）、小形二次電池（密閉形ニッケル・カドミウム蓄電池、密閉形ニッケル・水素蓄電池、リチウム二次電池、小形シール鉛蓄電池）の製造事業者及び輸入事業者は、自主回収及び再資源化に取り組むことが求められます。

なお、小形二次電池については、密閉形蓄電池を部品として使用している製品の製造事業者及び輸入事業者も、当該密閉形蓄電池の自主回収に取り組むことが求められます。

⑦　指定副産物

電気業の石炭灰、建設業の土砂、コンクリートの塊、アスファルト・コンクリートの塊、木材の副産物に係る業種に属する事業者は、当該副産物の再生資源としての利用の促進に取り組むことが求められます。

リモートワークとの関係では、従業員が事業所外で使用していた事業用のパソコンを廃棄処分する場合、資源有効利用促進法上の「指定再資源化商品」に該当すると共に、小型家電リサイクル法上の「使用済小型電子機器」に該当する可能性があります。また、「廃プラ」や「金属くず」に該当するとして、廃棄物処理法上の「産業廃棄物」にも該当する可能性があります。処理の際の疑問については第２章において解説します。

7 地球温暖化対策法

（１）地球温暖化対策法の概要

地球温暖化対策法は、「地球温暖化」について、「人の活動に伴って発生する温室効果ガスが大気中の温室効果ガスの濃度を増加させることにより、地球全体として、地表、大気及び海水の温度が追加的に上昇する現象」（第２条第１項）と定義し、地球温暖化対策、つまり温室効果ガスの排出の抑制並びに吸収作用の保全及び強化に関する施策を規定しています。

なお、令和３年に成立した改正地球温暖化対策法は、2050年カーボンニュートラルの基本理念を法に位置付けて政策の継続性・予見性を高め、脱炭素に向けた取組み・投資やイノベーションを加速させるとともに、脱炭素化の実現に向けて地域の再エネを活用した取組みや、企業の排出量情報のデジタル化・オープンデータ化を推進する仕組み等を定めています。脱炭素化の流れは今後一層勢いを増していくものと思われ、温暖化対策に関しては今後の改正等にも注意が必要です。

（２）対象となる温室効果ガス

地球温暖化対策法上、規制対象とされている温室効果ガスは、二酸化炭素、メタン、一酸化二窒素、ハイドロフルオロカーボンのうち政令で定めるもの、パーフルオロカーボンのうち政令で定めるもの、六ふっ化硫黄、三ふっ化窒素の７種類です。

（3）地球温暖化対策法による規制

地球温暖化対策法は、地球温暖化の防止を目的として、国、地方公共団体、事業者、国民すべての主体に対して、それぞれの責務を定めています。

そのうち、事業者の責務としては、「自ら排出する温室効果ガスの排出抑制」「製品改良や国際協力など他者の取組みへの寄与」「国や自治体の施策への協力」等があります。

地球温暖化対策法は、「温室効果ガス」の種類を「エネルギー起源二酸化炭素」と「エネルギー起源二酸化炭素以外の温室効果ガス」の２つに分けています。

まず、「エネルギー起源二酸化炭素」は、すべての事業所のエネルギー使用量合計が1,500kl/年以上となる「特定事業所排出者」と、省エネ法上の特定旅客輸送事業者や特定荷主などの「特定輸送排出者」が対象となります。

次に、「エネルギー起源二酸化炭素以外の温室効果ガス」は、温室効果ガスの種類ごとにすべての事業所の排出量合計が、二酸化炭素の換算で3,000t以上かつ、事業者全体で常時使用する従業員の数が21人以上という要件を満たす「特定事業所排出者」を対象とします。

特定事業所排出者は毎年度７月末日までに、特定輸送排出者は毎年度６月末日までに、対象となる温室効果ガスの排出量を報告する義務があります。排出量の報告をしない、または虚偽の報告をした場合には20万円以下の過料の罰則が科せられることになります。

リモートワークとの関係では、従業員が業務を行う自宅やリモートワークを行う場所が地球温暖化対策法上の「事業所」に該当するのかが問題となる可能性があります。

海岸漂着物処理推進法

（１）海岸漂着物処理推進法について

海岸漂着物処理推進法は、正式名称を「美しく豊かな自然を保護するための海岸における良好な景観及び環境並びに海洋環境の保全に係る海岸漂着物等の処理等の推進に関する法律」といい、海岸漂着物等（海岸漂着物及び海岸に散乱しているごみ、その他の汚物または不要物並びに漂流ごみ等）の円滑な処理を図るための施策と、その効果的な発生抑制を図るための施策の推進を通じて、海岸における良好な景観及び環境並びに海洋環境の保全を図ることを目的としています。

（２）事業者に関係する海岸漂着物処理推進法上の規定

海岸漂着物処理推進法は、総合的な海岸環境の保全・再生、責任の明確化と円滑な処理の推進、3R 推進等による海岸漂着物等の発生の効果的な抑制、海洋環境の保全（マイクロプラスチック対策を含む）等の対策を規定しています。

事業者との関係では、上記のマイクロプラスチックとの関係において、通常の用法に従った使用の後に河川等に排出される製品へのマイクロプラスチックの使用の抑制や廃プラスチック類の排出の抑制に努めなければならないといった旨が規定されています。

なお、プラスチックごみ対策については、前述の廃棄物処理法や容器包装リサイクル法において具体的な処理に関する規定が定められています。

また、次節において解説する令和４年４月１日施行のプラスチック資源循環法により、新たな規制が制定されることとなっています。

9 プラスチック資源循環法

（1）プラスチックに係る資源循環の促進等に関する法律

プラスチック資源循環法は、令和3年6月11日に公布され、令和4年4月1日に施行の新しい法律です。プラスチックごみの削減に関して、製品の設計からプラスチック廃棄物の処理までに関わるあらゆる主体におけるプラスチック資源循環等の取組み（3R＋Renewable）を促進するための措置を定めるものとして、包括的に資源循環体制を強化することを目的としています。

（2）プラスチック資源循環法の概要

①「基本方針」および「プラスチック使用製品設計指針」

国は、プラスチックに係る資源循環の促進等を計画的に推進するため「基本方針」を策定します。また、「プラスチック使用製品設計指針」を策定した上で、指針に適合した製品であることを認定します。そのため、プラスチックを扱うメーカーは、指針に沿って製品の設計や製造をすることが求められます。

また、「国等による環境物品等の調達の推進等に関する法律」（グリーン購入法）上の配慮から、指針に適合した認定製品について国が率先して調達するとともに、使用済み製品等から出る廃棄物を回収し、新しい製品の材料または原料として利用できるように処理した材料（リサイクル材）の利用に当たっての設備への支援が行われます。

② ワンウェイプラスチックの削減

飲食店やコンビニエンスストアなどで提供されるプラスチック製の使い捨てのプラスチックカトラリー（ワンウェイプラスチック）を削減するために、ワンウェイプラスチックの提供事業者（小売・サービス事業者等）が取り組むべき判断基準が策定されます。

ワンウェイプラスチック製品を年間５t以上扱う事業者については、利用量の削減等の対策が義務付けられます。削減等への取組みが不十分な場合や、利用量を減らさない事業者に対しては、主務大臣の指導・助言や勧告、公表、命令などの措置が講じられます。

③ 市区町村の分別収集、再商品化

各自治体が行うプラスチック資源の分別収集を促進するために、「容器包装リサイクル法」に規定する再商品化のルートを活用した仕組みが定められています。

再商品化に関しては、市区町村と再商品化事業者が連携して「再商品化計画」を作成し、主務大臣による認定を受けた場合、再商品化事業者は、市区町村による選別・梱包等を省略して、プラスチックごみについて再商品化を実施することができます。

④ 製造業・販売事業者などによる自主回収について

プラスチック製品を取り扱う製造・販売事業者が使用済み製品を回収する場合、通常は回収に関して廃棄物処理法上の業許可が必要となりますが、自主回収する計画書を作成し、主務大臣による認定を受けることにより、当該業許可を要せず回収することができるようになります。

⑤　排出事業者の排出抑制・再資源化の促進

プラスチックごみを排出する事業者が排出量の抑制や再資源化等の取り組むべき判断基準書を国が策定します。

当該基準が定める量に反してプラスチックごみを排出し、改善しない事業者に対しては、主務大臣の指導・助言や勧告、公表、命令などの措置が講じられます。

また、事業者がプラスチックごみを排出する場合、通常は廃棄物処理法上の業許可が必要となりますが、「再資源化計画書」を作成し、主務大臣の認定を受けることにより、これを要せずに再資源化を行うことができるようになります。

10 会社情報・個人情報の保護関連

（1）不正競争防止法の概要

不正競争防止法は、「事業者間の公正な競争及びこれに関する国際約束の的確な実施を確保するため、不正競争の防止及び不正競争に係る損害賠償に関する措置等を講じ、もって国民経済の健全な発展に寄与すること」を目的としています。

仕事の情報をリモートワークの際に家に持ち帰ることは、「競争」との関係では関連が無いように思えますが、実際には営業秘密との関係において注意が必要です。

（2）不正競争防止法による営業秘密の保護

不正競争防止法では、①秘密として管理されていること（秘密管理性）、②有用な技術上または営業上の情報であること（有用性）、③公然と知られていないこと（非公知性）という３つの要件を満たす「営業秘密」（第２条第６項）について、その不正な取得や使用等に対し、営業上の利益を侵害された者からの差止め、損害賠償請求などの民事上の請求のほか、侵害行為を行った者に対する刑事罰（懲役刑・罰金刑）を規定しています。

そのため、営業秘密に該当する情報を社外（リモートワーク先）で使用し、また不要になったデータを処分する際は、漏えいや紛失等をすることがないように十分に注意しなければなりません。

（3）個人情報保護法の概要

個人情報保護法は、個人の権利・利益の保護と個人情報の有用性とのバランスを図ることを目的とした法律で、基本理念を定めるほか、民間事業者の個人情報の取扱いについて規定しています。この個人情報保護法は、個人情報を取り扱うすべての事業者に適用されるため注意が必要です。

（4）個人情報保護法上の個人情報の対象

個人情報保護法第２条にいう「個人情報」とは、「生存する個人に関する情報であって、次の各号のいずれかに該当するもの」と定義されています。

具体的には、

一　当該情報に含まれる氏名、生年月日その他の記述等（文書、図画若しくは電磁的記録（電磁的方式（電子的方式、磁気的方式その他人の知覚によっては認識することができない方式をいう。次項第二号において同じ。）で作られる記録をいう。第十八条第二項において同じ。）に記載され、若しくは記録され、又は音声、動作その他の方法を用いて表された一切の事項（個人識別符号を除く。）をいう。以下同じ。）により特定の個人を識別することができるもの（他の情報と容易に照合することができ、それにより特定の個人を識別することができることとなるものを含む。）

二　個人識別符号が含まれるもの

とされており、さらに「個人識別符号」は、以下の①②のいずれかに該当するものをいいます。

① 身体の一部の特徴を電子計算機のために変換した符号（DNA、顔、虹彩、声紋、歩行の態様、手指の静脈、指紋・掌紋）

② サービス利用や書類において対象者ごとに割り振られる符号⇒公的な番号（旅券番号、基礎年金番号、免許証番号、住民票コード、マイナンバー、各種保険証等）

「個人情報取扱事業者」は、その取り扱う個人データの漏えい、滅失またはき損の防止その他の個人データの安全管理のために必要かつ適切な措置を講じなければならないとされています（第20条）。

そのため、リモートワークを行う従業員が事業所外で営業秘密や個人情報を取り扱う場合には、個人情報保護法の観点からも、漏えいや紛失等の事故を起こさないように十分に注意しなければなりません。詳細は第２章において解説します。

第2章　Ｑ＆Ａ編

～判断に迷った時に活用しよう！

Part1　テレワークにおける廃棄物処理・情報管理

Q 1	テレワークってなに？

そもそも「テレワーク」は、どのようなものを指すのでしょうか？　法律上の定義があるのでしょうか？

重要度：★★

Answer

法律上の定義はありませんが、総務省は、「テレワーク」を「ICT（情報通信技術）を利用し、時間や場所を有効に活用できる柔軟な働き方」であると定義しており、その形態によっていくつかの区別をしています。

1．テレワークとは

コロナ禍の影響もあり、企業にとってテレワークは必須の労働形態となりました。常時のテレワークや週1～2日や月数回、または1日の午前中だけなどに限られる随時のテレワークも含め、テレワークの導入は、短期的なものではなく、様々な形で働き方改革を推進するに当たっての強力なツールの1つとして、中長期的な観点からも、多くの企業から注目を集めています。

テレワーク（telework）の「tele（テレ）」とは、「遠方の」という意味の接頭語です。同様の使われ方をしている言葉としては、テレフォン、テレスコープ、テレビジョンなどがあります。そもそもテレワークは法律用語ではないため、法律上明確な定義がなされているわけではありません。他方で、一般的には、「ICTを活用し、場所や時間を有効に活用できる柔軟な働き方」のことを指しています。

テレワークは、大別すると「雇用型」と「自営型」に区別されています。

まず、雇用型テレワークは、「ICTを活用して、労働者が所属する事業場と異なる場所で、所属事業場で行うことが可能な業務を行うこと」をいうとされています。在宅勤務やモバイルワーク、サテライトオフィスでの勤務がこれに当たります。

対して、自営型テレワークとは、「ICTを活用して、請負契約等に基づき、遠隔で、個人事業者・小規模事業者等が業務を行うこと」をいうとされています。SOHO、内職副業型勤務がこれに当たります。

2．テレワークの種類

（1）雇用型テレワーク

ア　在宅勤務

在宅勤務は、雇用型テレワークの形態の１つに分類されます。

そのうち、特に労働者が自宅を就業場所として業務を行うことを「在宅勤務」といいます。

イ　モバイルワーク

モバイルワークは、雇用型テレワークの形態の１つに分類されます。そのうち、特に労働者が施設に依存せず、いつでもどこでも仕事が可能な状態で業務を行うことを「モバイルワーク」といいます。

ウ　施設利用型勤務

施設利用型勤務は、雇用型テレワークの形態の１つに分類されます。そのうち、特に労働者がサテライトオフィスやテレワークセンター、スポットオフィス等の施設を就業場所として業務を行うことを「施設利用型勤務」といいます。

（2）「自営型」テレワーク

ア　SOHO

SOHO は、「Small Office／Home Office」の略で、自営型テレワークの１つに分類されます。SOHO の定義は一義的ではありませんが、一般財団法人日本 SOHO 協会ウェブサイトによると、「企業などから委託された仕事を、情報通信を活用して自宅や小規模事務所等で個人事業主として請け負う労働形態」を SOHO としています。

イ　内職副業型勤務

内職副業型勤務は、自営型テレワークの形態の１つに分類されます。そのうち、主に他人が代わって行うことが容易な仕事を行い、独立自営の度合いが薄いものをいうとされています。

3．テレワークのメリット

総務省では、テレワークの意義や効果を以下のようにまとめています。

①　少子高齢化対策の推進

・人口構造の急激な変化の中で、個々人の働く意欲に応え、その能力を遺憾なく発揮し活躍できる環境の実現に寄与することができる。

・女性・高齢者・障がい者等の就業機会を拡大することができる。

・「出産・育児・介護」と「仕事」の二者選択を迫る状況を緩和することができる。

・労働力人口の減少のカバーに寄与することができる。

② ワーク・ライフ・バランスの実現

・家族と過ごす時間、自己啓発などの時間増加をはかることができる。

・家族が安心して子どもを育てられる環境を実現することができる。

③ 地域活性化の推進

・UJIターン・二地域居住や地域での企業等を通じた地域活性化を期待することができる。

④ 環境負荷軽減

・交通代替によるCO_2の削減等、地球温暖化防止に寄与することができる。

⑤ 有能・多様な人材の確保生産性の向上

・柔軟な働き方の実現により、有能・多様な人材の確保と流出防止、能力の活用が可能になる。

⑥　営業効率の向上・顧客満足度の向上

・顧客の訪問回数や顧客の滞在時間の増加をはかることができる。

・迅速、機敏な顧客対応を実現できる。

⑦　コスト削減

・勤務スペースや紙、電気代などのオフィスにかかるコストの削減と通勤・移動時間や交通費等を削減することができる。

⑧　非常災害時の事業継続

・オフィスを分散化することにより、災害時等の迅速な対応をはかることができる。

・新型インフルエンザ等の感染症への対応をすみやかに行うことができる。

【参考】

・内閣府ウェブサイト「テレワークの定義等について」
http://wwwa.cao.go.jp/wlb/government/top/hyouka/k_43/pdf/s4-1_p1-p11.pdf

・総務省ウェブサイト「テレワークの意義・効果」
https://www.soumu.go.jp/main_sosiki/joho_tsusin/telework/18028_01.html

Q２	テレワークの際に出るごみには、どんなものがある？

在宅勤務やテレワークの際に出るごみは、会社で出るごみと同じなのでしょうか。それとも家庭で出るごみと同じなのでしょうか？　家庭で出るごみと一緒にゴミステーションに出しても問題ないでしょうか？

重要度：★★★★

Answer

在宅勤務として、自宅で仕事をしている場合であっても、事業活動によって排出されたごみであれは、基本的に会社で出るごみと同じ扱いになります。

そのため、産業廃棄物に該当する場合は廃棄物処理法上定められた方法に従ってごみを処理する必要がありますし、産業廃棄物に該当しない場合でも、事業系一般廃棄物として家庭用ごみとは異なる処理方法を求められることがあります。

そのため、家庭用のごみと一緒にゴミステーションに出してしまうと違法（不法投棄）となる可能性がありますので注意が必要です。

１．廃棄物の分類

廃棄物処理法では、「廃棄物」とは、「ごみ、粗大ごみ、燃え殻、汚泥ふん尿、廃油、廃酸、廃アルカリ、動物の死体その他の汚物又は不要物であって、固形状又は液状のもの（放射性物質及びこれによって汚染された物を除く。）をいう」（第２条第１項）と定義されており、産業廃棄物と、それ以外の廃棄物（一般廃棄物）に大別されています。

図表２－１　廃棄物の区分

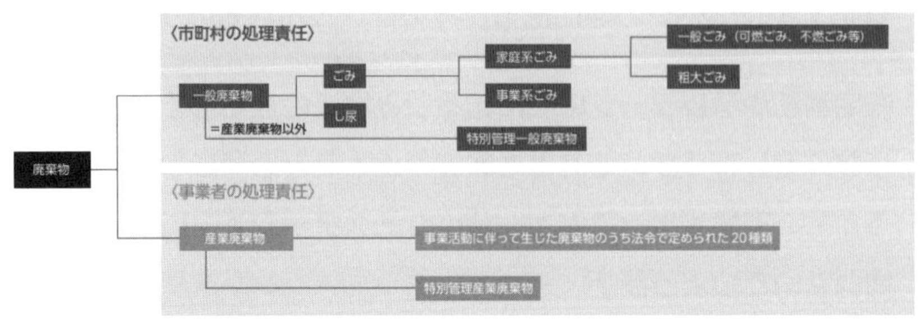

注１：特別管理一般廃棄物とは、一般廃棄物のうち、爆発性、毒性、感染性その他の人の健康又は生活環境に係る被害を生ずるおそれのあるもの。
　２：事業活動に伴って生じた廃棄物のうち法令で定められた20種類（燃え殻、汚泥、廃油、廃酸、廃アルカリ、廃プラスチック類、紙くず、木くず、繊維くず、動植物性残渣（さ）、動物系固形不要物、ゴムくず、金属くず、ガラスくず、コンクリートくず及び陶磁器くず、鉱さい、がれき類、動物のふん尿、動物の死体、ばいじん、輸入された廃棄物等、上記の産業廃棄物を処分するために処理したもの。）
　３：特別管理産業廃棄物とは、産業廃棄物のうち、爆発性、毒性、感染性その他の人の健康又は生活環境に係る被害を生ずるおそれがあるもの。

出典：環境省ウェブサイト「令和３年版 環境・循環型社会・生物多様性白書」（https://www.env.go.jp/policy/hakusyo/r03/pdf/2_3.pdf）を基に筆者一部加筆。

そして、廃棄物処理法は、産業廃棄物のうち、さらに注意が必要な廃棄物を「特別管理産業廃棄物」としています。

また、廃棄物は、廃棄物処理法上の分類に加えて自治体においても個別に分類が定められている場合があるため注意が必要です。以下、廃棄物の種類について簡単に説明します。

（１）産業廃棄物

産業廃棄物とは、事業活動に伴って生じた廃棄物のうち法令（廃棄物処理法第２条第４項第１号、第２号）で定められた20種類（図表２－２）のもの及び輸入された廃棄物（航行廃棄物及び携帯廃棄物を除く）を指します。

なお、「事業活動」とは、会社の営業所、事務所、店舗、飲食店、

図表2－2　産業廃棄物の種類

すべての業種に係る産業廃棄物	①燃え殻、②汚泥、③廃油、④廃産、⑤廃アルカリ、⑥廃プラスチック類、⑦ゴムくず、⑧金属くず、⑨ガラス・コンクリート及び陶磁器くず、⑩鉱さい、⑪がれき類、⑫ばいじん
業種が特定されるもの	⑬紙くず、⑭木くず、⑮繊維くず、⑯動植物性残さ、⑰動物系固形不要物、⑱動物のふん尿、⑲動物の死体 ⑳上記①～⑲の産業廃棄物を処分するために処理したもので、いずれにも該当しないもの

出典：仙台市ウェブサイト（https://www.city.sendai.jp/shido-jigyo/jigyosha/kankyo/haikibutsu/jigyogomi/tebiki/documents/202008ver.pdf）を基に筆者作成。

工場などの営利を目的とする場所に限定されるものではなく、病院、学校、社会福祉施設などの公共サービスなどを行っている事業も含みます。

（2）特別管理産業廃棄物

特別管理産業廃棄物とは、産業廃棄物のうち、「爆発性、毒性、感染性その他の人の健康又は生活環境に係る被害を生ずるおそれがある性状を有する廃棄物」として特に定められたものをいいます。

（3）事業系一般廃棄物

事業系一般廃棄物とは、事業活動に伴って生じた廃棄物であって産業廃棄物以外のものをいいます。

事業系一般廃棄物は、会社の事務所から排出される紙くずや茶殻、飲食店から排出される残飯等が該当する可能性があります。

（4）家庭系一般廃棄物

家庭系一般廃棄物とは、一般家庭の生活から出るごみをいいます。

2.「廃棄物」に該当しないもの

上記1.では廃棄物に該当するもののうち、その分類を説明しましたが、以下のものは「廃棄物」には該当しません。

- 土砂及びもっぱら土地造成の目的となる土砂に準ずるもの
- 港湾、河川等の浚渫(しゅんせつ)に伴って生ずる土砂、その他これに類するもの
- 漁業活動に伴って漁網にかかった水産動植物等であって、その漁業活動を行った現場附近において排出したもの
- 有価物

「有価物」とは

排出した不要物（排出されたもの）が有償で売却される場合には、当該排出物は「有価物」として扱われ、廃棄物処理法の「廃棄物」としての規制を受けなくなります。

【注意】

廃棄物処理法上の規制を逃れるために、有価物の取引を装って廃棄物の不適正処理が行われる場合があることから、外形上売買契約に見えたとしても、売却利益から輸送費等の経費を差し引いた結果、排出事業者が赤字（逆有償）となる場合や、取引される物の性状・排出の状況・取引価値の有無などから見て「有価物」とはいえない場合などは、「有価物」の取引と認められない可能性があります。

3．テレワークで出るごみについて

テレワークとは、「ICT（情報通信技術）を利用し、時間や場所を有効に活用できる柔軟な働き方」であると定義されています。

そのため、在宅勤務のテレワークである場合には、勤務している途中に自宅で出たごみは、厳密には「事業活動に伴って生じた廃棄物」に該当する可能性があります。

他方で、実際の処理との関係では、厳密に考えれば「産業廃棄物」、あるいは「事業系一般廃棄物」に該当する廃棄物であったとしても、在宅勤務のテレワークでは、家庭系一般廃棄物との区別が困難であり、在宅勤務で排出される廃棄物につき、厳密に廃棄物処理法に基づく処理を求めることの事実上の困難性も指摘されています。

また、コロナ禍や働き方改革推進の影響もあり、テレワークは一時の緊急的な措置ではなく、必須の労働形態の選択肢の１つとなることが予想されます。そのため、従業員を雇用する企業は、テレワーク中に従業員が排出するごみが産業廃棄物や事業系一般廃棄物に該当する場合、その処理方法について、廃棄物処理法や条例等の定めに従って適切に取り扱わなければならないということをまず認識しておく必要があります。

実際の処理との関係では難しい部分はありますが、テレワークに伴い排出されるごみについて、以下のものは、「産業廃棄物」に該当する可能性があるため注意が必要です。

・シャープペンシル・マーカーペン・ボールペン：廃プラスチック
・カッター：本体は廃プラスチック、刃は金属くず

・ホッチキス：本体は廃プラスチック、針は金属くず

・キーボード：廃プラスチック

・クリアファイル：廃プラスチック

・消しゴム：廃プラスチック

・充電器：廃プラスチックまたは金属くず

・朱肉：廃プラスチック

・定規：廃プラスチック

・修正液ないし修正テープ：廃プラスチック

・ハサミ：廃プラスチックまたは金属くず

・ペットボトル：廃プラスチック

・弁当の容器・包装（プラスチック製）：廃プラスチック

【参考】

・仙台市ウェブサイト「事業ごみについての Q&A」
https://www.city.sendai.jp/haikishido/shitumon.html

・大分市ウェブサイト「大分市事業系ごみ分別事典」
https://www.city.oita.oita.jp/o143/shigotosangyo/jigyokegomi/documents/zigyoukei-bunbetujiten.pdf

Q３	産業廃棄物の処理責任とはどのようなものですか？

産業廃棄物とはどのようなものをいうのでしょうか？　また、産業廃棄物を排出した事業者にはどのような処理責任があるのでしょうか？

重要度：★★★★

Answer

産業廃棄物とは、事業活動に伴って生じた廃棄物のうち、法令（廃棄物処理法第２条第４項第１号、第２号）で定められた20種類（Ｑ２）のもの及び輸入された廃棄物（航行廃棄物及び携帯廃棄物を除く）をいいます。

また、産業廃棄物を排出した事業者は、保管・収集運搬及び処理（再生・中間処理を含む）に関し、処理責任を負うものとされています。

【参考】

・環境省ウェブサイト「排出事業者責任の徹底について」
　https://www.env.go.jp/recycle/waste/haisyutsu.html

１．廃棄物処理法

（1）排出事業者責任

廃棄物処理法第３条第１項は、事業者の責務として、「事業者は、その事業活動に伴って生じた廃棄物を自らの責任において適正に処理しなければならない」と定めています。同法第11条第１項は「事業者は、その産業廃棄物を自ら処理しなければならない」（排出事業者責任）と定め、さらに、同法第12条第１項において「事業者は、自らその産業廃棄物の運搬又は処分を行う場合には、政令で定める産業廃棄物の収集、運搬及び処分に関する基準に従わなければならない」とも定めています。

また、排出事業者は「その産業廃棄物が運搬されるまでの間、環境省令で定める技術上の基準に従い、生活環境の保全上支障のないようにこれを保管しなければならない」（同法第12条第２項）など、保管に関する責任も負っています。

この責任は、排出事業者が廃棄物処理業者に産業廃棄物の処理を委託した場合であっても免除されるものではないことに注意が必要です。

（２）産業廃棄物の処理を委託する場合

廃棄物処理法は、排出事業者が産業廃棄物の運搬または処理を第三者に委託する場合には、政令で定める基準に従わなければならないとしています（第12条第６項）。

また、同法第12条第７項では、排出事業者が、産業廃棄物の最終処分が終了するまでの一連の処理が適正に行われるために必要な措置を講ずるよう努めなければならないこととされています。

そのため、排出事業者が不適正な処理を行う廃棄物処理業者に委託していたことが明らかになれば、廃棄物処理法の措置命令の対象になる可能性があるとともに、社名等が公表されることによるレピュテーションリスクも十分に認識する必要があります。

（3）建設工事に伴い生ずる廃棄物の処理に関する例外

建設工事における排出事業者が元請事業者であるのか下請事業者であるのかについて、廃棄物処理法第21条の3第1項は以下のように定めています。

> （建設工事に伴い生ずる廃棄物の処理に関する例外）
> 第二十一条の三　土木建築に関する工事（建築物その他の工作物の全部又は一部を解体する工事を含む。以下「建設工事」という。）が数次の請負によって行われる場合にあっては、当該建設工事に伴い生ずる廃棄物の処理についてのこの法律（第三条第二項及び第三項、第四条第四項、第六条の三第二項及び第三項、第十三条の十二、第十三条の十三、第十三条の十五並びに第十五条の七を除く。）の規定の適用については、**当該建設工事（他の者から請け負ったものを除く。）の注文者から直接建設工事を請け負った建設業（建設工事を請け負う営業（その請け負った建設工事を他の者に請け負わせて営むものを含む。）をいう。以下同じ。）を営む者（以下「元請業者」という。）を事業者とする。**

したがって、建設工事における排出事業者は、原則として元請事業者になります。そのため、下請事業者が産業廃棄物の処理をする場合には、排出事業者である元請事業者から産業廃棄物の処理等の委託を受けることになるため、廃棄物処理法に基づく許可が必要となります。よって、許可を受けていない下請事業者が産業廃棄物の処理を行った場合には廃棄物処理法違反となります。この場合、元請事業者と下請事業者の両者に罰則が適用されるため注意が必要です。

2．まとめ

以上のとおり、産業廃棄物の排出事業者は、産業廃棄物の保管から最終処分までの責任を負うことになります。なお、排出事業者は、第三者に処理を委託した場合でも産業廃棄物の処理責任を負うことに注意しなければなりません。

Q４　テレワークの際に出る事業系一般廃棄物とは？

テレワーク中に出るごみで、産業廃棄物に当たらない事業系一般廃棄物は、家庭ごみと一緒にゴミステーションに出してしまってもよいのでしょうか？

重要度：★★★

Answer

テレワークが在宅勤務であったとしても、仕事中に出るごみは、事業活動に伴って生じた廃棄物であるため、事業系廃棄物に該当します。事業系廃棄物のうち、事業活動に伴って生じた廃棄物であって、産業廃棄物以外のものを、事業系一般廃棄物といいます。

事業系一般廃棄物は、産業廃棄物に比べて規制の内容は緩やかではありますが、規制がないということではありません。

廃棄物処理法第３条第１項は、「事業者は、その事業活動に伴って生じた廃棄物を自らの責任において適正に処理しなければならない」と定めており、処理の方法は各地方自治体の条例等によって、事業系一般廃棄物の収集等について規定されていることが多く、家庭ごみと一緒にゴミステーションに出すことはできないとされている可能性があるため、注意が必要です。

１．事業系一般廃棄物とは

事業系一般廃棄物とは、事業活動に伴って生じた廃棄物である事業系廃棄物のうち、産業廃棄物に該当しないものをいいます。

産業廃棄物は、事業活動に伴って生じた廃棄物のうち、廃棄物処理法第２条第４項第１号、第２号で定められた20種類のもの及び輸入された廃棄物（航行廃棄物及び携帯廃棄物を除く）をいい、それ以外の事業系一般廃棄物と区別されています。

また、事業系廃棄物は、一般家庭の生活から出るごみである家庭系一般廃棄物と区別されています。

なお、以下のものを事業系一般廃棄物の一例として挙げることができますが、事業の内容によっては、産業廃棄物に分類されることがありますので、注意が必要です。

（事業系一般廃棄物の一例）

・事業所内や事務所内など就労場所から排出される紙くず・ダンボール・茶殻など
・従業員の飲食により排出される残飯・生ごみなど
・飲食店、食料品店から出る残飯・生ごみ・割り箸など
・庭木の剪定枝・枯草木など

２．事業系一般廃棄物の処理

廃棄物処理法第３条第１項は、「事業者は、その事業活動に伴って生じた廃棄物を自らの責任において適正に処理しなければならない」と定めています。

したがって、排出事業者は、事業系一般廃棄物を自らの責任において適正に処理しなければならず、これを受けた各地方自治体の条例等によって、家庭系一般廃棄物の集積場（いわゆるゴミステーション等）に出してはいけないこととされていることが多いです。

このことは、テレワークをする際の従業員にも適用されるため、従

業員が自宅でテレワークをする際に排出される廃棄物も「事業系廃棄物」に該当することになります。

そのため、従業員はテレワークに伴って排出する廃棄物が「産業廃棄物」に該当する場合には、廃棄物処理法の定めに従った適切な処理を、「事業系一般廃棄物」に該当する場合には、各地方自治体の条例等によって定められたルールに従った適切な処理をする必要があります。

なお、テレワークの際に排出される事業系一般廃棄物と家庭系一般廃棄物の区別がそもそも難しいとの指摘があるものの、不法投棄に該当すると認定された場合には「**5年以下の懲役若しくは、1,000万円以下（法人の場合は3億円以下）の罰金または併科**」（同法第25条）に処せられる可能性もあるので十分に注意が必要です（法人に対する罰則規定は同法第32条に定められています。）。

また、同法第6条の2第6項は、「事業者は、一般廃棄物処理計画に従ってその一般廃棄物の運搬又は処分を他人に委託する場合その他その一般廃棄物の運搬又は処分を他人に委託する場合には、その運搬については第七条第十二項に規定する一般廃棄物収集運搬業者その他環境省令で定める者に、その処分については同項に規定する一般廃棄物処分業者その他環境省令で定める者にそれぞれ委託しなければならない。」と定め、同第7項は、「事業者は、前項の規定によりその一般廃棄物の運搬又は処分を委託する場合には、政令で定める基準に従わなければならない。」と定めています。

したがって、事業系一般廃棄物の排出事業者は、その適正な処理の方法として、一般廃棄物収集運搬許可事業者に依頼することが一般的です。

また、事業系一般廃棄物の排出事業者は、これを直接処理施設に直接自己搬入することもできます。この場合、産業廃棄物の運搬において求められている廃棄物処理法上の基準（第12条）を満たす必要はありませんが、各自治体の条例等にて細やかな規則を設けていることが多いので、これらを確認の上、適切に取り扱うようにしましょう。

【参考】

・伊那市ウェブサイト「事業系廃棄物（一般廃棄物）処理の手引き・・・正しい分別と適正処理のために・・・」
https://www.inacity.jp/kurashi/gomi_shigenbutsu/aaa.files/zigyoukei.pdf

Q５　**「電子廃棄物」とは何でしょうか？**

最近「電子廃棄物」という言葉を耳にする事がありますが、どのようなものなのでしょうか？　特にその処分等に注意しなければならないことはありますか？

重要度：★★★

Answer

「電子廃棄物」は、廃棄物処理法等の法令に定義されている用語ではありません。電子廃棄物は「電気電子機器廃棄物」や「電子ごみ」などと呼ばれることもあり、国際連合大学などの調査報告書（The Global E-waste Monitor 2020）では、“E-waste”などと記されています。電子廃棄物は、排出量が近年世界的に増加傾向にあるといわれているところ、電子廃棄物の中には、有害物質が含まれるものがあったり、リサイクル可能であるにもかかわらず、そのまま大量に廃棄されていたりしていたため、規制対応が必要となりました。

１．電子廃棄物とは

携帯電話、テレビ、コンピュータ、ゲーム機器、オーディオ、冷蔵庫、エアコンなどは電子廃棄物に該当するといわれていますが、電子廃棄物に法令上の定義等はありません。

バッテリーや電気・電子回路を搭載している電気製品や電子機器が廃棄物になったときの総称として、電子廃棄物のほかにも「電気電子機器廃棄物」や「電子ごみ」などと呼ばれることもあります（英語では“E-waste”や“WEEE（Waste Electrical and Electronic

Equipment)” と表記されています)。

2．電子廃棄物をめぐる問題

電子廃棄物には、大きく２つの特徴があると指摘されています。

１つは、製品の中に有害物質が含まれていることがある点です。

例えば古いパソコンのバッテリーやモニターには、カドミウムが使用されていましたが、この物質は、四大公害病の一つである「イタイイタイ病」の原因物質であることで知られています。

また、過去には、土壌汚染対策法で定める特定有害物質である鉛が使用されている製品もありました。多様な有害物質を含んでいる可能性があることから適正に処理されなければ環境や人の健康へ大きな影響を及ぼしかねないため、十分に注意が必要です。

もう１つは、電子廃棄物の中には、人工では作り出すことのできない希少金属が含まれているものがあるといわれている点です。

そのため、電子廃棄物を大量に回収し、希少金属だけを取ってその他の部分を不法投棄したり、不適切な保管をしたりする事例が発生したことから、対応する必要が生じました。

3．電子廃棄物の処分

電子廃棄物の処理に関する法律として、廃棄物処理法のほかに、家電リサイクル法及び小型家電リサイクル法などが定められています。

家電リサイクル法は、いわゆる電子廃棄物とされているエアコン、テレビ、冷蔵庫及び洗濯機などをリサイクルするための法律です。これらの消費者（企業を含む）は、適正なリサイクル料金を支払い、小売業者等にこれを引き取ってもらわなければなりません。

しかし、適正なリサイクルのためには、リサイクル料金を支払わなければなりませんので、その支払いを免れるために、不法投棄が行われるという事例も発生しています。

不用品をトラックで巡回して回収している事業者や、空き地で回収している事業者、チラシやインターネットで無料引取りの広告を出している事業者などもありますが、こうした事業者の中には、「無許可」業者がいる可能性がありますので、安易にこうした無許可業者に電子廃棄物を引き取ってもらうことが、知らずに「廃棄物処理法違反」に加担してしまうことになりかねないため、企業は注意が必要です。

小型家電リサイクル法は、自治体と業界との協力関係のもとでの回収システムを規定した法律です。同法は、家電リサイクル法とは異なり、関係者が自発的に回収方法やリサイクルの実施方法を工夫し、実施する「促進型の制度」とされています。

4．まとめ

以上のとおり、電子廃棄物は年々増加していますが、電子廃棄物が適正に処分されない場合には、重大な環境破壊や健康被害につながりかねません。

テレワークをする際に電子廃棄物が発生することもあり得るので、企業は適切な処分と再資源化が実践されるように配慮しましょう。

Q 6	廃プラスチックは産廃？

事業所、あるいはテレワークの際に出る廃プラスチックは、産業廃棄物に当たるのでしょうか？　それとも事業系一般廃棄物に当たりますか？　また産業廃棄物に該当する場合の処分の注意点があれば教えてください。

重要度：★★★★

Answer

事業所、あるいはテレワークの際に出る廃棄物は、事業系廃棄物に分類されます。そのため、ゴミステーションなどで回収される家庭系廃棄物とは異なります。

また、事業活動に伴って排出される廃プラスチックは、産業廃棄物に該当する可能性が高いですが、場合によっては事業系一般廃棄物に該当することもあります。産業廃棄物に該当する場合には、保管・収集運搬・処分の流れに厳しい制限がありますので、注意が必要です。

ただ、テレワークの際に発生する廃棄物について、事業系廃棄物と家庭系廃棄物を厳密に切り分けるのは難しいとも指摘されています。

1．産業廃棄物と事業系一般廃棄物の区別

事業系一般廃棄物とは、事業活動に伴って生じた廃棄物であって、産業廃棄物以外のものをいいます。

産業廃棄物は、事業活動に伴って生じた廃棄物のうち、廃棄物処理法第２条第４項第１号、第２号で定められた20種類のもの及び輸入された廃棄物（航行廃棄物及び携帯廃棄物を除く）をいい、それ以外の

事業系一般廃棄物と区別されています。

事業系一般廃棄物は、事業活動に伴って生じた廃棄物のため、一般家庭の生活から出るごみである家庭系一般廃棄物と区別されています。

2．事業所、またはテレワークの際に出る廃プラスチック

(1) 産業廃棄物か事業系一般廃棄物か

上記のとおり、産業廃棄物か事業系一般廃棄物であるのかによって、その処分方法が全く異なってきますので、ある廃棄物が産業廃棄物か事業系一般廃棄物であるのかは非常に重要な問題です。

廃棄物が、産業廃棄物に該当するのか事業系一般廃棄物に該当するかは、当該廃棄物が廃棄物処理法第２条第４項第１号、第２号に定める廃棄物（＝産業廃棄物）に該当するか否かによって決定されます。

そのため、事業所、あるいはテレワークの際に出る廃プラスチックは、それが事業活動によって生じた物である以上、廃棄物処理法第２条第４項上は産業廃棄物に該当するといわざるを得ないでしょう。

しかし、実際には、従業員等の個人消費に伴って生ずる弁当等のプラ製容器包装、プラ製品、ビニール袋、包装材、発泡トレイ、ペットボトル等については、一般廃棄物であるとする自治体もあり、自治体によって取扱いが異なっています。

また、実際にテレワークをする際に発生する少量の廃プラスチック等のごみについて、それを従業員の個人消費とみるか事業系の廃棄物とみるかは、最終的には従業員の良心に任せざるを得ない部分もあるため、厳密な区別には難しい部分があると指摘されています。

（2）家庭系一般廃棄物か事業系一般廃棄物か

上記のとおり、テレワークの際に発生する飲料用ペットボトルやプラスチック製のお弁当殻などが家庭系一般廃棄物か事業系一般廃棄物に該当するのかは、実際には判断が悩ましい場合があることが指摘されています。

しかしながら、テレワークの就業時間中（休憩時間を含む）に排出された廃棄物は、やはり原則として事業活動によって生じた廃棄物と捉えざるを得ないため、企業としてはテレワークを行う従業員に対して、社内規程等を通じて廃棄物の適正な処理について周知してゆくべきでしょう。

もっとも、「日常生活に伴って」生じた廃棄物は、当然家庭系一般廃棄物となりますので、テレワークを行っている場合に家庭から排出された廃棄物のすべてが事業系廃棄物に該当する訳ではなく、やはり厳密な区別は難しいところです。

3．まとめ

テレワークであっても事業活動によって生じた廃棄物は、事業系廃棄物に該当します。事業系廃棄物のうち、廃棄物処理法第２条第４項第１号、第２号に定める廃棄物に該当する場合には産業廃棄物に該当し、厳格なルールの下でこれを処分しなければなりません。また、事業系一般廃棄物に該当する場合も、各市町村の定める条例に定められた処理方法で処分する必要があります。

【参考】

・仙台市ウェブサイト「産業廃棄物の適正処理のために　～排出事業

者のみなさまへ～」
https://www.city.sendai.jp/shido-jigyo/jigyosha/kankyo/haikibutsu/jigyogomi/tebiki/documents/202008ver.pdf

・弘前市ウェブサイト「事業系ごみガイドブック・事業系ごみ分類早見表・事業系ごみ Q&A」
http://www.city.hirosaki.aomori.jp/kurashi/gomi/2015-1001-1015-385.html

・京都市ウェブサイト「産業廃棄物適正処理の手引」
https://www.city.kyoto.lg.jp/kankyo/page/0000001648.html

・明石市ウェブサイト「ごみに出せないもの」
https://www.city.akashi.lg.jp/kankyou/clean_cen/kurashi/gomi/dashikata/dasenaimono.html

・前橋市ウェブサイト「廃棄物とは？・・・事業系廃棄物の適正処理のための手引き」
https://www.city.maebashi.gunma.jp/soshiki/kankyo/haikibutsutaisaku/oshirase/2398.html

・木更津市ウェブサイト「家庭ごみと事業ごみ」
https://www.city.kisarazu.lg.jp/kurashi/gomi/dashikata/1001199.html

Q７	社用パソコンの処分について①

テレワークで使用していた社用のパソコンを処分したいのですが、注意点はありますか？
家庭用のパソコンと同じように処分するということでよいのでしょうか？

重要度：★★★

Answer

一部重なる部分もありますが、社用と家庭用とでは処分方法が違うため注意が必要です。

１．社用パソコンの処分

（１）廃棄物としての処分

従業員が事業のために用いていたパソコンは、事業系廃棄物に該当します。

事業系廃棄物は、事業活動に伴って生じた廃棄物のうち、廃棄物処理法第２条第４項第１号、第２号で定められた20種類のもの及び輸入された廃棄物（航行廃棄物及び携帯廃棄物を除く）である産業廃棄物と、それ以外の事業系一般廃棄物と区別されています。

社用パソコンは、廃プラスチック類・金属くず・ガラスくず等に該当するため、原則として産業廃棄物に該当します。

そのため、社用パソコンを廃棄するためには、廃棄物処理法上の産業廃棄物の処理の方法に従わなければなりません。

一般的には、産業廃棄物の収集運搬・処分の許可業者に引き渡すということになるでしょう。

　ただ、従業員が個人名義で産業廃棄物処理業者へ引き渡すことになると、企業の排出した産業廃棄物を従業員が個人事業主として処理させているとして、廃棄物処理法上違法になる可能性があります。そのため、社内で専用の窓口を設けて業者へ引き渡す等の対応をした方が良いでしょう。

（2）有価物としての処分

　他方で、パソコンを有価物として処分するという方法も考えられます。

　廃棄物処理法では、廃棄物を、「ごみ、粗大ごみ、燃え殻、汚泥、ふん尿、廃油、廃酸、廃アルカリ、動物の死体その他の汚物又は不要物であって、固形状又は液状のもの（放射性物質及びこれによって汚染された物を除く。）をいう。」としており（同法第２条第１項）、いわゆる有価物は廃棄物ではないとされています。

　そこで、産業廃棄物の収集運搬・処分の許可業者に引き渡すのではなく、有価物としてリサイクルショップ等で有償ないし無償で引き渡すという方法も考えられます。ただ、従業員が使用している社用パソコンを個人的にリサイクルショップに引き渡してしまうと、こちらも上記と同様に廃棄物処理法上問題が生じかねません。社用 PC の管理、処分については企業の側で把握した上で、リサイクルショップとのやりとりについても社内で窓口を設けて企業として対応した方が良いでしょう。

（3）資源有効利用促進法に基づく処分

パソコンは、資源有効利用促進法において、「指定省資源化製品」、「指定再利用促進製品」に指定され、製造業者に対してリデュース、リユース、リサイクルに配慮した設計が求められたり、回収・再資源化が求められています。

また、パソコンは、「指定再資源化製品」にも指定され、製造業者等（製造業者、輸入販売業者）に対して、回収・再資源化の義務が課せられています。

その結果、事業者（ここではパソコンの消費者）は、各メーカーの窓口に連絡の上、パソコンを引き渡すことができます。

資源有効利用促進法と廃棄物処理法との関係については、資源有効利用促進法第31条において、「環境大臣は、廃棄物の処理及び清掃に関する法律（昭和四十五年法律第百三十七号）の規定の適用に当たっては、第二十七条第一項の規定による認定に係る自主回収及び再資源化の円滑な実施が図られるよう適切な配慮をするものとする。」と定められています。

（4）小型家電リサイクル法に基づく処分

社用パソコンは、小型家電リサイクル法の対象品目でもあり、同法に基づく処分も可能です。

小型家電リサイクル法では、認定事業者による回収が認められています。そのため事業者は同法に基づいて社用パソコンの回収を依頼することにより処分を行うこともできます。

2．パソコンを処分する際の注意点

　パソコンのハードディスクには、住所録や写真データの個人情報のほかにも、パスワードやクレジットカードの番号など、漏えいしてしまうと重大な損害が生じうる重要な情報が保存されています。

　そのため、適切に処分しなければ個人情報等が漏えいするリスクがあります。

　処分する前には、専用のソフトウェアを利用して重要なデータをすべて削除するようにしましょう。

【参考】

・東京都環境局ウェブサイト「パソコンリサイクル」
　https://www.kankyo.metro.tokyo.lg.jp/resource/recycle/pc/index.html

・東京都環境局ウェブサイト「家庭系パソコンのリサイクルの制度の概要について　Q&A」
　https://www.kankyo.metro.tokyo.lg.jp/resource/recycle/pc/household.files/pc_r_qanda.pdf

・一般社団法人パソコン 3R 推進協会ウェブサイト「PC リサイクルマークについて」
　https://www.pc3r.jp/home/pcrecycle_mark.html

Q８	社用パソコンの処分について②

社用パソコンを廃棄処分しようとする場合、廃棄物処理法上の産業廃棄物に該当すると聞きましたが、小型家電リサイクル法の対象にもなっていると思います。また、資源有効利用促進法の対象にもなっていると思いますが、それぞれの関係はどうなっているのでしょうか？

重要度：★★★

Answer

社用パソコンは、小型家電リサイクル法に基づく処分も資源有効利用促進法に基づく処分も行うことが可能です。また、産業廃棄物にも該当しますので、同法に基づく処分を行うことも可能です。

１．小型家電リサイクル法に基づく処分

社用パソコンは、小型家電リサイクル法の対象品目となっています。

そのため、社用パソコンを処分する方法として、同法に基づく認定事業者等による回収を依頼することが可能です。

なお、同法では、「小型電子機器等」について、「一般消費者が通常生活の用に供する電子機器その他の電気機械器具（特定家庭用機器再商品化法第２条第４項に規定する特定家庭用機器を除く。）であって、…」と定められています。

そのため、上記の文言から、「社用パソコンはこれに該当しないのでは？」と迷われる方もいらっしゃるかもしれませんが、実務上、社

用パソコンも含まれるとして運用されています。

なお、環境省が発行する「小型家電リサイクル法ガイドブック（排出事業者向け）」では、社用パソコンにも同法の適用があることを明確にしています。

2．資源有効利用促進法に基づく処分

また、社用パソコンは、資源有効利用促進法において、「指定省資源化製品」、「指定再利用促進製品」、「指定再資源化製品」に指定され、製造業者に対してリデュース、リユース、リサイクルに配慮した設計が求められたり、回収・再資源化が求められています。

そのため、事業者は、各メーカーの窓口に連絡の上、パソコンを引き渡すことが可能です。

テレワークとの関係では、従業員の使用していた社用パソコンが不要となった場合には、従業員あるいは企業の担当者が各メーカーの窓口に連絡した上で、引き取ってもらうことになるでしょう。

したがって、排出事業者は、社用パソコンを小型家電リサイクル法に基づく認定事業者による回収の方法でリサイクルすることもできますし、資源有効促進法に基づくメーカーの回収の方法でリサイクルすることもできます。

3．廃棄物処理法に基づく処分

これまで述べたとおり（Q７）、社用パソコンは、廃プラスチック類・金属くず・ガラスくず等として産業廃棄物に該当します。

そのため、社用パソコンを、産業廃棄物として処理する場合、廃棄物処理法に基づく処分をしなければなりません。

この点、社用パソコンは、すでに述べたとおり、小型家電リサイクル法や資源有効利用促進法による処分（リサイクル）を行うことも可能であることから、産業廃棄物として処理する場合にも廃棄物処理法に基づく厳格な処分方法に従う必要がないという誤解があります。しかしながら、産業廃棄物として処理する以上は、廃棄物処理法に基づく処分方法に従わなければならないことに注意が必要です。

4．まとめ

以上のとおり、社用のパソコンを処分する方法は、①小型家電リサイクル法に基づく処分（リサイクル)、②資源有効利用促進法に基づく処分（リサイクル)、③廃棄物処理法に基づく処分の方法が考えられ、排出事業者はいずれの方法によって処分をすることが可能です。ただ、限りある資源の有効利用を考えると、事業者としてはできる限り①ないし②の方法によって対応をしていきたいところです。

Q９　テレワーク中に紙媒体の廃棄物を家のごみとして処分してもよい？

テレワーク中に排出される紙媒体の廃棄物は、家庭用のごみと一緒に処分してもよいのでしょうか？　処分の際の注意点などがあれば併せて教えてください。

重要度：★★

Answer

テレワーク（在宅勤務等）で排出される廃棄物は、事業活動によって生じたものであれば、事業系廃棄物に該当しますので、家庭系廃棄物と一緒に処分することはできません。また、紙媒体の廃棄物に記載される情報管理にも注意が必要です。

１．テレワークにおける紙媒体の廃棄物の種別

（１）テレワークにおける廃棄物は、事業系廃棄物か家庭系廃棄物か

廃棄物には、事業活動によって生じた事業系廃棄物と、家庭で生じた家庭系廃棄物とがあります。テレワークとは、事業活動の方法の一つですので、テレワークという事業活動において排出される廃棄物は、事業系廃棄物に該当します。

（２）テレワークにおける紙媒体の廃棄物は、産業廃棄物か事業系一般廃棄物か

事業系廃棄物は、事業活動に伴って生じた廃棄物のうち、廃棄物処理法第２条第４項第１号、第２号で定められた20種類のもの及び輸入

された廃棄物（航行廃棄物及び携帯廃棄物を除く）である産業廃棄物と、それ以外の事業系一般廃棄物とが区別されています。

この点、紙くずは、パルプ、紙または紙加工品製造業・新聞業（新聞巻取紙を使用するもの）・出版業（印刷出版）・製本業・印刷物加工業により排出される場合には、産業廃棄物に該当し、その他の排出事業者によって排出されるときは、産業廃棄物に該当しない（事業系一般廃棄物に該当する）とされています。

今回はテレワークによって生じる紙媒体の廃棄物とのことであるため、事業系一般廃棄物に該当する場合を念頭に置いて解説します。

2．事業系一般廃棄物の処理方法

事業系一般廃棄物は、廃棄物処理法第３条にて、「事業者は、その事業活動に伴って生じた廃棄物を自らの責任において適正に処理しなければならない。」と定められており、排出事業者は、事業系一般廃棄物を自らの責任において適正に処理しなければならず、処理の方法は各自治体が条例等を制定しています。

その結果、ほとんどの自治体では、事業系一般廃棄物を家庭系一般廃棄物の集積場（いわゆるゴミステーション等）に出してはいけないということになっています。

同法第６条の２第６項では、一般廃棄物の処理の委託に関し、一般廃棄物収集運搬許可事業者に依頼することを求めていますので、事業系一般廃棄物は、一般廃棄物収集運搬許可事業者に引き渡すことが一般的です。

なお、事業系一般廃棄物の排出事業者（企業）は、これを直接処理施設に自己搬入することもできます。この場合、産業廃棄物の運搬において求められている廃棄物処理法上の基準（第12条）を満たす必要はありませんが、各自治体において条例等にて細やかな規則を設けていることが多いので、企業は、これらを確認の上、適切に取り扱うようにしましょう。

他方で、従業員の自宅に家庭用のプリンターがあり、個人消費の紙媒体の廃棄物も発生しているような状況では、事業系一般廃棄物を切り分けて処分させることに困難が伴うことが指摘されています。

ただ、下記に指摘するように情報管理の観点からも注意が必要です。

3．テレワークにおける情報管理

（1）紙媒体での情報の持ち出し時の注意

暗号化などの対策が容易になることから、テレワークの際には業務に必要な情報を電子データとして管理するペーパーレス化を行うことが推奨されていますが、すべての情報が電子化されているわけではありません。また、やむを得ず紙媒体で情報を持ち出すケースも想定されます。

この点、特定非営利活動法人日本ネットワークセキュリティ協会の「2016年情報セキュリティインシデントに関する調査報告書」（2017年６月14日）によれば、情報漏えい媒体・経路のうち、紙媒体が47.0%となり、約半数を占めるという結果が出ています。そのため、企業としてはテレワークの際に従業員に紙による情報の持ち出しを認める場合や、テレワーク中に従業員による書類のコピーやファイルの印刷を認める場合には、資料の紛失・盗難等による情報漏えいのリスクを認識し、これらを踏まえた社内規程等を定める必要があるといえるでしょう。

上記の措置については、テレワークの導入前から規定されているものと重複する場合もありますが、企業としては改めて営業秘密管理規程や情報管理規程、セキュリティ規程等の関連規程の内容を確認や見直しをするとともに、実施状況の確認をすることが必要です。

紙媒体は、技術的に複製を制限することや、第三者への提供等を制限することが困難であるという側面があるため、今後もテレワーク等のリモート・デジタル化が推進されることを考えると、企業は可能な範囲でペーパーレス化を進めることが望ましいでしょう。

【テレワーク時に紙媒体の情報の持ち出しを認める場合の規定】

・持ち出しを認める書類を厳選する
・持ち出しに当たって管理者や上長等の事前許可を必要とする
・持ち出しをした者・書類・期間を一覧で管理する・持ち出しをした際の管理方法を徹底させる（書類を机上に放置しない等）
・業務上の必要がなくなった場合には返却を義務付ける、あるいはシュレッダーで裁断するなどの秘密保持に資する安全な方法による廃棄を義務付ける等

【テレワーク中に従業員による書類のコピーやファイルの印刷を認める場合の規定】

・コピー等をした際に当該書面に「㊙」（マル秘）
・「社内限り」等の秘密であることの表示が付されるように設定をしておく
・コピー等を認めるファイルを厳選する

・コピー等に当たって上長等の事前許可を必要とする
・コピー等をした者・書類を一覧で管理する
・コピー等をした際の管理方法を徹底させる（書類を机上に放置しない等）
・業務上の必要がなくなった場合には返却を義務付ける、あるいはシュレッダーで裁断するなどの秘密保持に資する安全な方法による廃棄を義務付ける等

【参考】
・総務省ウェブサイト「テレワークセキュリティガイドライン　第4版」
https://www.soumu.go.jp/main_content/000545372.pdf
・経済産業省ウェブサイト「テレワーク時における秘密情報管理のポイント（Q&A 解説）」（Q２）
https://www.meti.go.jp/policy/economy/chizai/chiteki/pdf/teleworkqa_20200507.pdf

Q10	テレワーク中に会社の備品を家のごみとして処分してもよい？

テレワーク中に排出される会社の備品（ペン、クリアファイル、はさみ等）の廃棄物は、家庭用のごみと一緒に処分してもよいのでしょうか？　処分の際の注意点などがあれば併せて教えてください。

重要度：★★

Answer

テレワーク（在宅勤務等）で排出される廃棄物は、事業活動によって生じたものであれば、事業系廃棄物に該当します。家庭系廃棄物と一緒に処分することはできないので、注意が必要です。

1．テレワークにおける廃棄物の種別

（1）テレワークにおける廃棄物は、事業系廃棄物か家庭系廃棄物か

廃棄物には、事業活動によって生じた事業系廃棄物と、家庭で生じた家庭系廃棄物とがありますが、テレワークは、事業活動の方法の一つですので、事業活動において排出される会社の備品は、原則として事業系廃棄物に該当します。

（2）産業廃棄物と事業系一般廃棄物の区別

事業系廃棄物は、事業活動に伴って生じた廃棄物のうち、廃棄物処理法第２条第４項１号、２号で定められた20種類のもの及び輸入された廃棄物（航行廃棄物及び携帯廃棄物を除く）である産業廃棄物と、

それ以外の事業系一般廃棄物と区別されています。

産業廃棄物か事業系一般廃棄物であるのかによって、その処分方法が全く異なってきますので、ある廃棄物が産業廃棄物か事業系一般廃棄物であるのかは非常に重要な問題です。

2．テレワークにおいて排出される会社の備品について

テレワークに伴って排出される会社の備品の種類は様々ですが、以下のとおり厳密には「産業廃棄物」に該当する物品もあるため注意が必要です。

また、事業系一般廃棄物に該当する場合には市区町村によって収集の方法が異なり、一定以下の量であれば家庭用一般廃棄物として廃棄することが可能であると定めている市区町村もあるため、条例等を十分確認するようにしましょう。

他方で、これまで述べているとおり、従業員が自宅で個人消費した廃棄物と事業系廃棄物を切り分けて処分させることに困難が伴うことが指摘されています。

企業としては、例えば次の表等を従業員に周知することによって、会社の備品について適切な処分をさせるように努めるようにしましょう。

3．まとめ

テレワークでは、家庭系一般廃棄物との区別が困難であり、在宅勤務で排出される廃棄物につき、厳密に廃棄物処理法に基づく処理を求めることの事実上の困難性も指摘されています。他方で、廃棄物が産業廃棄物に該当する場合には、その保管・収集運搬・処分等につき廃

棄物処理法の定めに従って適切に取り扱わなければならないため、十分な注意が必要です。

図表２－３　備品の処分における廃棄物の区分と種類

品目	区分	種類	備考
シャープペンシル／マーカーペン／ボールペン	産業廃棄物	廃プラスチック類	
カッター	産業廃棄物	本体は廃プラスチック類 刃は金属くず	
ホッチキス	産業廃棄物	本体は廃プラスチック類 針は金属くず	
キーボード	産業廃棄物	廃プラスチック	
パソコン	産業廃棄物	廃プラスチック類、金属くず、ガラス陶器くず	
クリアファイル	産業廃棄物	廃プラスチック類	
消しゴム	産業廃棄物	廃プラスチック類	
充電器	産業廃棄物	廃プラスチック類 金属くず	
朱肉	産業廃棄物	廃プラスチック類	
定規	産業廃棄物	廃プラスチック類	
修正液／修正テープ	産業廃棄物	廃プラスチック類	
ハサミ	産業廃棄物	廃プラスチック類 金属くず	
ペットボトル	産業廃棄物	廃プラスチック類	従業員等の個人消費に伴って生ずる場合は、一般廃棄物であるとされる場合がある
プラスチック製弁当ガラ	産業廃棄物	廃プラスチック類	従業員等の個人消費に伴って生ずる場合は、一般廃棄物とされる場合がある
コピー用紙	事業系一般廃棄物		

段ボール	事業系一般廃棄物		
ノート	事業系一般廃棄物		
バインダー／紙ファイル	事業系一般廃棄物		
パンフレット	事業系一般廃棄物		
封筒	事業系一般廃棄物		

出典：大分市ウェブサイト「大分市事業系ごみ分別事典」（https://www.city.oita.oita.jp/o143/shigotosangyo/jigyokegomi/documents/zigyoukei-bunbetujiten.pdf）を基に筆者作成。
※本図表は大分市ウェブサイトに示されている一例のため、詳細は各自治体の定めを確認するようにしてください。

【参考】

・京都市ウェブサイト「事業系廃棄物の分類早見表」
https://www.city.kyoto.lg.jp/kankyo/cmsfiles/contents/0000146/146216/30-31.pdf

・別杵速見地域広域市町村圏事務組合ウェブサイト「保存版　事業者用ごみの出し方手引き　家庭ごみとは分別が異なります！」
https://www.bekkihayami-oita.jp/jigyoushayou.pdf

Q11 テレワーク中に出たごみは焼却処分してもよい？

テレワーク中に排出される不要になった書類や壊れた備品などについて、従業員が自宅の焼却炉や焚き火等で焼いて処分することはできますか？

重要度：★★

Answer

ごく例外的な場合を除き、従業員が廃棄物を自宅の焼却炉や焚き火等で焼いて処分をすることはできません。

1．不法焼却（野外焼却）の禁止

不法焼却とは、木くず、紙くず、廃プラスチック類等の廃棄物を、法律に定められた基準を満たす焼却施設を用いずにドラム缶、一斗缶、ブロック積みなどで燃やすことをいいます。不法焼却は、ダイオキシン類などの有害物質を発生させ、または、悪臭・煙害などで地域住民に迷惑がかかることがあり、宗教上の行事等の一部の例外を除いて、廃棄物処理法第16条の２により禁止されています。

不法焼却を行った場合には、５年以下の懲役、1,000万円（法人は３億円）以下の罰金のいずれか、または両方が科せられます（廃棄物処理法第25条第１項第15号）。また、未遂の場合も罰するとされているので注意が必要です（同条第２項）。

なお、焼却が認められる焼却炉の基準及び法令で認められている野外焼却の例外は、次の図表のとおりです。

図表2－4　焼却が認められる例外

【以下の基準が満たされている焼却炉】
①煙突先端以外から外気に燃焼ガスがもれない
②黒煙を排出しない
③燃焼に必要な量の空気の通風が行われている
④燃焼温度が800℃以上ある
⑤助燃バーナーが設置してある
⑥投入口に二重扉等が設置してある（逐次投入方式の場合）
※焼却能力が一定規模以上の焼却施設の設置には、自治体の許可が必要となる。

【法令で定められている例外】
1　法令で定められている廃棄物の処理基準に従った焼却
2　他の法令または、これに基づく処分により行う廃棄物の焼却
3　公益上もしくは社会の慣習上やむを得ないものまたは周辺地域の生活環境に与える影響が軽微であるものとして次に定める焼却
①国または地方公共団体がその施設の管理を行うために必要な廃棄物の焼却
②震災、風水害、火災、凍霜害その他の災害の予防、応急対策または復旧のために必要な廃棄物の焼却
③風俗慣習上または宗教上の行事を行うために必要な廃棄物の焼却
④農業、林業または漁業を営むためにやむを得ないものとして行われる廃棄物の焼却
⑤たき火その他の日常生活を営むうえで通常行われる廃棄物の焼却であって軽微なもの

出典：仙台市ウェブサイト「産業廃棄物の適正処理のために～排出事業者のみなさまへ～」（https://www.city.sendai.jp/shido-jigyo/jigyosha/kankyo/haikibutsu/jigyogomi/tebiki/documents/202008ver.pdf）７頁を参考に筆者作成。

2．まとめ

テレワークで排出される廃棄物は、原則として事業系廃棄物に該当します。

そして、産業廃棄物に該当する場合には廃棄物処理法に、事業系一般廃棄物に該当する場合には条例等の定めに基づき処分しなければなりません。

そのため、ごく例外的な場合を除き、従業員が廃棄物を自宅の焼却

炉や焚き火等で焼いて処分をすることはできず、不正焼却に該当する場合には、罰則の対象となる可能性がありますので、十分に注意が必要です。

Q12　従業員が個人で処理業者に廃棄物を引き渡してもよい？

テレワーク中に生じた産業廃棄物について、従業員が一般廃棄物として処理業者に引き渡すことはできるでしょうか？　また、従業員が個人名義で産業廃棄物を処理業者に引き渡すことはできるでしょうか？

重要度：★★★

Answer

産業廃棄物を従業員が一般廃棄物として処分することは、廃棄物処理法上違法となります。また、従業員が個人名義で産業廃棄物を引き渡す場合も違法になる可能性があります。

1．従業員が個人名義で処理業者に引き渡すことは違法

テレワークに伴って排出される廃棄物は、原則として事業系廃棄物に該当します。

廃棄物処理法の第３条は「事業者は、事業活動に伴って生じた廃棄物を、自らの責任において適正に処理しなければならない」（排出事業者責任）と定めています。

また、産業廃棄物の運搬に関し、廃棄物処理法第12条第５項は、産業廃棄物の委託に関し、産業廃棄物収集運搬許可事業者に依頼することを求めています。

そのため、テレワーク中に生じた産業廃棄物について、これを従業員が一般廃棄物として処分することは、廃棄物処理法上、違法となります。

また、排出事業者は、マニフェスト（産業廃棄物管理票）を自らの手で交付して、廃棄物を厳正に管理することが求められます（廃棄物処理法第12条の３）。

そのため、当該従業員が個人名義で処理業者に引き渡すことは、排出事業者の責任の所在が不明確となり、不適正な処理として廃棄物処理法上違法となる可能性があります。

また、そもそも従業員自体が個人事業主として届出をしている場合でなければ、個人名義で産業廃棄物を産業廃棄物収集運搬許可事業者に引き渡すことはできないとの問題もあります。

Q13	正しい廃棄物処理の周知

テレワークとなった従業員に正しい廃棄物処理を周知する方法はあるでしょうか？

重要度：★★

Answer

テレワークで排出される廃棄物は、原則として事業系廃棄物に該当します。そのため、適切な処分方法について従業員に周知しておく必要があります。

企業は、産業廃棄物に該当するものと、事業系一般廃棄物に該当するごみの早見表を作成したり、自治体が作成している廃棄物の処理に関するパンフレット等を閲覧できるようにしたりする等の対応が考えられます。また、併せて機密情報の情報管理に関する規定も設けておくことが考えられます。

1．正しい廃棄物処理を周知する方法

（1）廃棄物の種別を周知する

企業は、テレワークにおいて排出される廃棄物が、事業系一般廃棄物であるのか産業廃棄物であるのか、従業員が容易に判断できるようにしておく必要があります。

そのため、テレワークにおいて排出される可能性のある廃棄物について、早見表等を作成して交付するか、従業員が閲覧できるようにしておくと良いでしょう。

実際の運用等は各地方自治体によって異なるため、下記が分別の理

解として通用的な基準ではないものの、たとえば早見表の一例として、別府市・杵築市・日出町・別杵速見地域広域市町村圏事務組合の「保存版　事業者用ごみの出し方手引き　家庭ごみとは分別が異なります！」などが参考となります。

【参考】

・別杵速見地域広域市町村圏事務組合ウェブサイト「保存版　事業者用ごみの出し方手引き　家庭ごみとは分別が異なります！」
https://www.bekkihayami-oita.jp/jigyoushayou.pdf

（2）廃棄物の種別ごとの処理法方法を知る

廃棄物の種類がわかった後は、その廃棄物に応じた適切な処分の方法がわからなければなりません。また、適切な処分を行わなかった時の罰則についても周知しておくべきです。

この点は、仙台市が公表する「廃棄物の適正処理のために～排出事業者の皆様へ～」などの自治体のパンフレットなどが参考になるでしょう。

【参考】

・仙台市ウェブサイト「産業廃棄物の適正処理のために～排出事業者のみなさまへ～」
https://www.city.sendai.jp/shido-jigyo/jigyosha/kankyo/haikibutsu/jigyogomi/tebiki/documents/202008ver.pdf

2．機密情報の管理

また、廃棄物処理のルールを守ることはもちろん、テレワークによって持ち出された機密情報については、資料の紛失・盗難等による情報漏えいのリスクを認識し、これらを踏まえたルールを定める必要があるでしょう。

3．まとめ

テレワークを導入する際には、テレワークで排出される廃棄物の処分方法、具体的にどのような廃棄物が何に分類されるのか、また情報管理をどのように行うのかについて、社内で規程を定めましょう。また、その際には事業所やテレワーク先の所在する各自治体が公表している廃棄物処理に関する資料を確認しておくことも重要です。

Q14　従業員が廃棄物を適正に処分しなかった場合は？

テレワークで排出された廃棄物は「事業系廃棄物」に該当するので、家庭用のごみと分けて処理しなければならないと聞きました。もし、従業員が法令に従った廃棄物の処分を行わなかったときは、会社も処罰されてしまうのでしょうか？

重要度：★★★

Answer

廃棄物処理法には両罰規定がありますので、従業員のみならず会社（事業者）も罰則を受ける可能性があります。ただし、すべてのケースにおいて、必ず事業者も実際に罰則を受けるというわけではありません。

1．廃棄物処理法の罰則

テレワークで排出される廃棄物は、原則として事業活動によって生じるものとして事業系廃棄物に該当します。そのため、「産業廃棄物」に該当する場合には、廃棄物処理法に、「事業系一般廃棄物」に該当する場合には、市区町村の定める条例等によって、収集運搬等の手続が定められています（何が産業廃棄物、事業系一般廃棄物に該当するか等についてはＱ２、それぞれの収集方法についてはＱ３、Ｑ４参照）。

この点、廃棄物処理法によれば、収集運搬は同法に基づく許可業者に対してのみ委託することができる旨が定められているため、テレワークにて勤務している従業員が、テレワークにおいて排出される事業系廃棄物を家庭系廃棄物としてゴミステーションに投棄した場合、上記廃棄物処理法第6条の2第6項、同法第12条第5項、第14条に違反すると判断される可能性があります。

そして、上記の違反は同法第25条第1項第6号及び同第16号において、「五年以下の懲役若しくは千万円以下の罰金に処し、又はこれを併科する」旨の罰則が定められています。

したがって、廃棄物処理法は、一義的には従業員個人を罰することを定めていますが、同法第32条第1項は、法人の従業者が、その法人または人の業務に関し、次の各号に掲げる規定の違反行為をしたときは、行為者を罰するほか、その法人に対して当該各号に定める罰金刑を、その人に対して各本条の罰金刑を科すると定めています。

一　第二十五条第一項第一号から第四号まで、第十二号、第十四号若しくは第十五号又は第二項　三億円以下の罰金刑
二　第二十五条第一項（前号の場合を除く。）、第二十六条、第二十七条、第二十七条の二、第二十八条第二号、第二十九条又は第三十条　各本条の罰金刑

これは法律上「両罰規定」と呼ばれるもので、従業員が廃棄物処理法に反した場合に、当該従業員のみならず会社（事業者）も罰則を受けてしまう可能性があることを定めています。

この両罰規定については、法人に対する罰金が行為者（従業員）より高く認められる場合もあります。

他方で、形式的には事業者も両罰規定によって罰せられる従業員の行為であったとしても、会社としてしかるべき防止策を施して相当の

注意・監督がなされていたにもかかわらず、従業員個人が悪意をもって不法投棄を行っていた場合等には、法人に対する判断や罰金等の額が変動する可能性もあります。

そのため、会社としては少なくとも社内規程等を整え従業員に周知することによって防止策を講じておくことに越したことはありません。

2．まとめ

上記のとおり、廃棄物の処分に関して従業員が廃棄物処理法の定めに違反した場合には、いわゆる両罰規定がありますので、従業員のみならず会社（事業者）も罰則を受ける可能性があります。そのため、会社としては社内規程の設置や従業員に対する教育等、しかるべき防止策を施しておくことが重要です。

Q15　廃棄物の自己搬入について

テレワークをしている従業員が廃棄物を処理施設に自己搬入することはできるのでしょうか？

重要度：★★★

Answer

排出事業者を企業とし、自己搬入を行うことは可能ですが、廃棄物が事業系一般廃棄物に該当する場合と産業廃棄物に該当する場合とで規制内容が異なりますので、注意が必要です。

1．事業系廃棄物の運搬について

（1）産業廃棄物の自社運搬

産業廃棄物の運搬については、廃棄物処理法第12条第５項に委託業者に委託する方法が定められるとともに、同法第12条第１項で、次のように定められています。

（事業者の処理）
第十二条　事業者は、自らその産業廃棄物（特別管理産業廃棄物を除く。第五項から第七項までを除き、以下この条において同じ。）の運搬又は処分を行う場合には、政令で定める産業廃棄物の収集、運搬及び処分に関する基準（当該基準において海洋を投入処分の場所とすることができる産業廃棄物を定めた場合における当該産業廃棄物にあつては、その投入の場所及び方法が海洋汚染等及び海上災害の防止に関する法律に基づき定められた場合におけるその投入の場所及び方法に関する基準を除く。以下「産業廃棄物処理基準」という。）に従わなければならない。

したがって、廃棄物処理法では、産業廃棄物の排出業者が自ら運搬することを許しており、その場合に、収集運搬の許可は不要です。

ただし、産業廃棄物を目的地へ運搬する場合（いわゆる自社運搬の場合）でも、処分の委託に関するマニフェストは必要です。また、運搬に当たっては次の基準を守る必要があります。

・飛散・流出を防止すること
・悪臭、騒音、振動による生活環境の保全上の支障を防止すること
・収集運搬のための施設を設置する場合には、生活環境の保全上の支障を防止すること
・産業廃棄物を収集運搬する車両に「表示」と「書面の備え付け」を行うこと

（2）事業系一般廃棄物の自社運搬

事業系一般廃棄物の排出事業者も、これを直接処理施設に直接自己搬入することもできます。この場合、産業廃棄物の運搬において求められている上記の廃棄物処理法上の基準を満たす必要はありませんが、各自治体において条例等にて細やかな規則を設けていることが多いので、これらを確認の上、適切に取り扱うようにしましょう。

企業としては、テレワークの従業員に廃棄物を処理施設に自己搬入してもらう場合、当該地方自治体の条例等を確認する必要があるでしょう。

2．まとめ

事業系廃棄物については、収集運搬業の許可を受けた事業者に廃棄物を収集・運搬・処分を委託することが一般的ではありますが、上記のとおりテレワークの従業員に処理施設に自己搬入させることも可能です。

ただし、産業廃棄物に該当する場合、事業系一般廃棄物に該当する場合それぞれについて、定められた内容に従って適切に処理する必要があります。そのため、企業側はあらかじめ内容を十分に確認し、的確にテレワークの従業員に指示することで適切な廃棄物の処理を行いましょう。

図表２－５　産業廃棄物を収集運搬する車両への表示

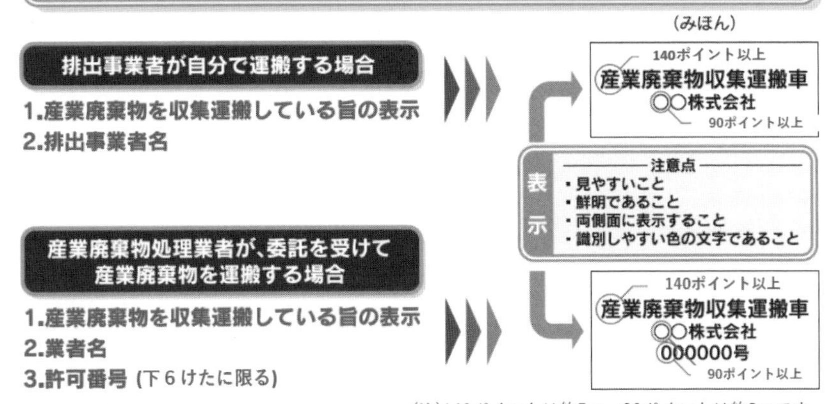

出典：環境省ウェブサイト「1．表示義務について」より一部抜粋。
https://www.env.go.jp/recycle/waste/pamph/02-2.pdf

図表2－6　産業廃棄物を収集運搬する車両への書面の備え付け

産業廃棄物の運搬車は、
次のような書類を常時携帯しなければなりません。

排出事業者が自分で運搬する場合

次の事項を記載した書類
- 氏名又は名称及び住所
- 運搬する産業廃棄物の種類、数量
- 運搬する産業廃棄物を積載した日、
- 積載した事業場の名称、所在地、連絡先
- 運搬先の事業場の名称、所在地、連絡先

産業廃棄物処理業者が、委託を受けて産業廃棄物を運搬する場合

- 産業廃棄物管理票（マニフェスト）
- 許可証の写し　（※）

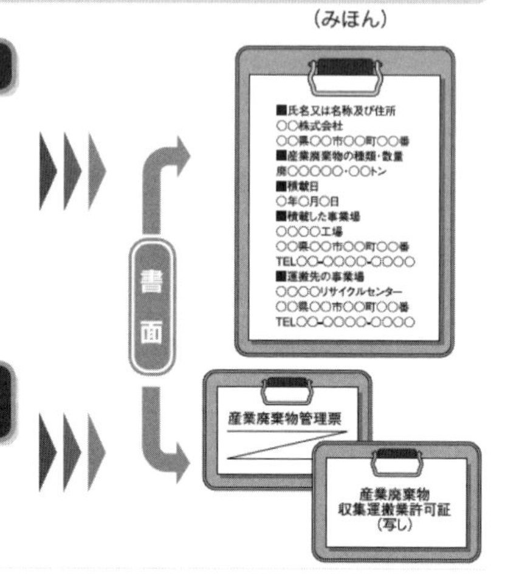

※電子マニフェストを利用している場合

この場合、①許可証の写しに加え、産業廃棄物管理票の代わりに、②電子マニフェスト使用証及び③次の事項を記載した書類（電子情報でも可）が必要になります。

- 運搬する産業廃棄物の種類及び数量
- その運搬を委託した者の氏名又は名称
- 運搬する産業廃棄物を積載した日
- 積載した事業場の名称、連絡先
- 運搬先の事業場の名称、連絡先

（ただし、これらの事項が携帯電話などによって常に確認できる状態であれば、③は不要です。）

出典：環境省ウェブサイト「2．書類の携帯義務について」より一部抜粋。
https://www.env.go.jp/recycle/waste/pamph/03.pdf

Q16　機密情報が記載された書類の処分

機密情報が記載された書類を処分する際に、注意しなければならないことはあるでしょうか？

重要度：★★★

Answer

機密文書を適切に管理することは企業の価値を維持していくためには非常に重要です。そのため、機密文書の処分には、機密の保護性を中心として、その方法を検討する必要があります。また、企業としてどのように機密情報を管理すべきかを定め、従業員に周知することも重要です。

1．機密情報管理の重要性

情報は企業にとって最も重要な資源の一つです。営業戦略、顧客リスト、製品の製造方法や原価などの情報が漏えいしてしまえば、それらの情報を得るまでに費やしたコストをかけることなく、いわばフリーライドで競業事業者が発生してしまい、大きな不利益を被ることになってしまいます。

また、現代では、個人情報は守られるべき権利の一つであり、企業は個人情報を保護する義務を負っています。

上記のような法令上保護しなければならない情報が漏えいしてしまった場合には、権利者から損害賠償を請求されるおそれがあり、杜撰な情報管理をしている企業として信用を失うことになりかねないレピュテーションリスクを抱えています。

そのため、機密文書の取扱いは、企業が最も力を入れておかなければならない重要事項であることを十分に認識しておかなければなりません。

2．機密文書の破棄方法

機密文書を廃棄する方法はいくつもありますが、ここでは、代表的な３つの方法をご紹介します。

（1）シュレッダー機器による処分

オフィス用シュレッダー機器を利用する方法は、事業所内で手早く、また安価に機密文書を処分することができるというメリットがあります。

他方、業者に依頼する場合は、業者が守秘義務を負っているとはいえ、機密文書が作業員の目に触れるリスクもあります。また、シュレッダー機器は紙を細かく切り刻むもので完全に文書が消えるわけではないということもあり、機密情報の管理の観点からはリスクが残ってしまう方法であるとも指摘されています。

（2）焼却処分

多くの焼却処理は、排出事業者が廃棄する文書を箱に詰めて、機密文書の処分を業として行っている業者がこれを回収して箱ごと焼却する方法がとられています。

機密文書を燃やしてしまうため、機密文書を完全に抹消できるという点や処分できる廃棄物が紙に限られないという点ではシュレッダー機器による処分に比べて良い方法ですが、SDGs をはじめとする環境問題に取り組むことが企業の使命の一つになりつつある昨今では、CO_2 など大量に発生する焼却処分という方法そのものに問題提起がなされています。

（3）溶解処理

溶解処理は機密文書を未開封のまま溶解釜内で水と混ぜて鋭い刃で粉砕し、液状化して処理する方法です。

排出事業者が廃棄する文書を箱に詰めて、機密文書の処分を業として行っている業者がこれを回収するということが多いようです。

溶解処理については、環境に配慮しつつ機密情報の保護性が高い廃棄方法として注目されていますが、料金はシュレッダー機器による処分や焼却処分に比べると比較的高い傾向にあるようです。

3．機密文書の管理・処分方法の作成及び周知

機密文書の管理を徹底するには、廃棄方法を適切なものにすると同時に、社内で機密文書の取扱いに関する規程を作り、従業員に閲覧可能な状態においておくことが重要です。

機密文書の取扱いのルールとしては、機密文書を特定する方法を明らかにし、その管理者や管理方法・保管期間、廃棄する際の条件、廃棄方法などを定めておくのが良いでしょう。

また、それぞれの管理責任者を定めておくのも有効です。

そして、これらの社内規程を従業員に閲覧可能な状態に置き、社内での講習を行うなど、一人ひとりの従業員に機密情報の管理の重要性を意識づけることが重要です。

Q17	在宅以外で施設を利用する際の廃棄物の扱い

シェアオフィスやレンタル（サテライト）オフィス等、在宅以外で施設を利用する際の廃棄物の扱いについて注意点はありますか？

重要度：★★★

Answer

シェアオフィスやレンタル（サテライト）オフィスで排出される廃棄物も、事業活動によって排出される事業系廃棄物です。そのため、収集処分を第三者に委託する場合には、廃棄物処理法の許可事業者に委託しなければなりません。

他方、シェアオフィスやレンタル（サテライト）オフィスに備え付けのごみ箱によって廃棄物を収集している場合には、取扱いにもよりますが不適正な廃棄物の処理方法となっていないか注意が必要です。

そのため、企業としてシェアオフィスやレンタル（サテライト）オフィス等を利用する場合には、運営会社に対して、廃棄物の収集運搬、処理に関してどのように対応をしているか、念のため事前に確認するようにしましょう。

1．産業廃棄物の処理方法

（1）保管に関するルール

廃棄物処理法第12条第２項では、「事業者は、その産業廃棄物が運搬されるまでの間、環境省令で定める技術上の基準（以下「産業廃棄物保管基準」という。）に従い、生活環境の保全上支障のないようにこれを保管しなければならない。」と定めています。

そのため、産業廃棄物の排出事業者は、産業廃棄物が事業場から排出されるまでの間、分別した産業廃棄物ごとに、廃棄物処理法に基づき産業廃棄物を保管しなければなりません。

シェアオフィスやレンタル（サテライト）オフィス等を利用する場合にもこの規定が適用されることから、これらの施設で排出されたごみを備え付けのごみ箱に廃棄し、運営会社がひとまとめにしている場合には、産業廃棄物の適切な保管がなされているか問題となる可能性があります。

（2）収集運搬・処分を処理事業者に委託する場合

排出事業者は、処理を第三者に委託した場合でも、廃棄物が適正に最終処分されるまで、一連の処理に責任を負います。

排出事業者は、産業廃棄物の収集運搬を委託する場合は収集運搬業の許可を持つ者、処分を委託する場合は処分業の許可を持つ者と、それぞれ、書面で委託契約を結ばなければなりません。処理業者を決めるときには、委託しようとする処理の内容が許可の内容に含まれているかどうかを、事前に許可証の写しを求めるなどして確認するのがよいでしょう。

また、産業廃棄物の排出事業者は、委託する産業廃棄物の処理の状況に関する確認を行った上で、最終処分終了までの一連の処理行程における処理が適正に行われるために必要な措置を講ずるよう努めなければなりません。

委託契約書は必要的記載事項が法律で定められており、締結後５年間保存しなければなりません。委託契約書には、許可証の写しを添付しなければなりません。

2．事業系一般廃棄物の処理方法

事業系一般廃棄物は、廃棄物処理法第３条にて、「事業者は、その事業活動に伴つて生じた廃棄物を自らの責任において適正に処理しなければならない。」と定められており、各自治体が「適正な処理」の方法について条例等を制定しています。

その結果、ほとんどの自治体では、事業系一般廃棄物を家庭系一般廃棄物の集積場（いわゆるゴミステーション等）に出してはいけないということになっています。

また、同法第６条の２第６項では、一般廃棄物の処理の委託に関し、一般廃棄物収集運搬許可事業者に依頼することを求めていますので、事業系一般廃棄物は、これらの収集運搬許可事業者に引き渡すことが一般的です。

3．シェアオフィスやレンタルオフィス等での廃棄物の収集・処分等

シェアオフィスやレンタル（サテライト）オフィス等、在宅以外で業務のために施設を利用する際に排出された廃棄物は、事業活動によって生じた廃棄物として、事業系廃棄物に該当します。

そのため、シェアオフィスやレンタル（サテライト）オフィスで排出される廃棄物は、排出事業者が自らの責任において、廃棄物処理法上の定めに基づき適切に処理しなければなりません。

この点、多くのシェアオフィスやレンタル（サテライト）オフィスにおいては、施設利用者共有のごみ箱が設置されており、これらごみ

箱による収集や各利用区画内での収集等によって、シェアオフィスやレンタル（サテライト）オフィス等の運営会社が一括して廃棄物を処理していることも珍しくありません。

ただし、同法第6条の2第6項では、一般廃棄物の処理の委託に関し、一般廃棄物収集運搬許可事業者に依頼することを求めていますので、シェアオフィスやレンタル（サテライト）オフィス等の運営会社が一般廃棄物収集運搬業者ではない場合に、事業系一般廃棄物の処理の委託を行うことは、場合によっては不適正な取扱いとなってしまう可能性があります。

また、同法第12条第5項は、産業廃棄物の運搬の委託に関し、産業廃棄物収集運搬許可事業者に依頼することを求めています。

そのため、シェアオフィスやレンタル（サテライト）オフィス等の運営会社が産業廃棄物収集運搬業者ではない場合に、多数の企業（排出事業者）から排出された産業廃棄物について、これらをひとまとまりとして運搬の委託を行うことは、場合によっては不適正な取扱いとなってしまう可能性があります。

Q18	社内規程への反映は？

テレワークで発生した廃棄物の処理方法について、どのように社内規程に反映すればよいでしょうか？

重要度：★★★★

Answer

自宅等で業務をする場合でも、テレワークによって生じた廃棄物は、厳密には家庭系廃棄物ではなく、事業系廃棄物（産業廃棄物、またはそれ以外の事業系一般廃棄物）に該当する可能性があります。

産業廃棄物はもとより、事業系一般廃棄物についても条例等によって家庭ゴミと同様に処理することは認められておらず、違反に対しては罰則が設けられていることもあります。

そのため、社内規程の作成に当たっては、従業員が廃棄物の種別や処理方法について即時に、的確に判断できるように、一覧性のあるような形で対象物を記載した早見表等も付属したものを作成することがよいでしょう。

また、併せて機密文書廃棄の方法と手順も定めておくべきでしょう。

1．テレワークにおける廃棄物の種別

（1）事業系廃棄物か家庭系廃棄物か

これまで（Q２等）も説明していますが、廃棄物を大別すると事業活動によって生じた事業系廃棄物と、家庭で生じた家庭系廃棄物とがあり、その種類によって処理方法が大きく異なります。

そのため、テレワークにおいて排出される廃棄物が上記のいずれであるかが問題となります。

テレワークとは、事業活動の遂行として行われるものですので、テレワークという事業活動において排出される会社の備品などの廃棄物は、原則として事業系廃棄物であるということができるでしょう。

（2）産業廃棄物と事業系一般廃棄物の区別

事業系廃棄物は、産業廃棄物とそれ以外の事業系一般廃棄物に区別されます。産業廃棄物とは、廃棄物処理法第２条第４項１号、２号で定められた20種類のもの及び輸入された廃棄物（航行廃棄物及び携帯廃棄物を除く）のことをいいます（Ｑ２）。

産業廃棄物か事業系一般廃棄物であるのかによって、その処理方法は全く異なってきますので、ある廃棄物が産業廃棄物か事業系一般廃棄物であるのかという区別をすることは、非常に重要な問題です。

２．廃棄物の処理方法の社内規程への反映

（１）廃棄物処理法に違反した場合の事業者の責任

従業員が、産業廃棄物を家庭系廃棄物としてゴミステーションに投棄した場合には、廃棄物処理法第６条の２第６項、同法第12条第５項、第16条に違反すると判断される可能性があります。

そして、上記の違反行為をした場合には、「五年以下の懲役若しくは千万円以下の罰金に処し、又はこれを併科する。」というように、重い罰則が定められています（同法第25条第１項第６号、同第14号）。

また、上記の違反行為に対しては、義務違反行為をした従業員だけでなく事業者も罰則を受ける可能性がありますので（いわゆる両罰規

定)、十分注意が必要です（同法第32条第１項)。

（2）事業系廃棄物の処理方法の反映

上記のとおり、従業員がテレワークで発生した廃棄物の処理方法を遵守しなかった場合には、事業者もその責任を負う可能性があります。そのため、廃棄物の処理方法については、可能な限り具体的に、社内規程に反映させるのが良いでしょう。

ア　廃棄物の種別

まず、テレワークにおいて排出される廃棄物が、産業廃棄物であるのか、それとも事業系一般廃棄物であるのかを、従業員が的確に判断できるようにする必要があります。

そのため、テレワークのなかで排出される可能性のある廃棄物はどのようなものがあるかについて、各企業の業種・業務内容等に応じて具体的にリストアップしたうえで、どのような廃棄物が産業廃棄物に該当するかの早見表等を作成し、社内規程に反映させることが効果的です。

早見表の具体例としては、たとえば、別府市・杵築市・日出町・別杵速見地域広域市町村圏事務組合の「保存版　事業者用ごみの出し方手引　家庭ごみとは分別が異なります！」などが参考となるでしょう。

【参考】

・別杵速見地域広域市町村圏事務組合ウェブサイト「保存版　事業者用ごみの出し方手引き　家庭ごみとは分別が異なります！」

https://www.bekkihayami-oita.jp/jigyoushayou.pdf

イ　廃棄物の種別ごとの処理方法

廃棄物の種類がわかった後は、その廃棄物に応じた適切な処分の方法がわかるようにしておかなければなりません。

この点は、仙台市が公表している「産業廃棄物の適正処理のために～排出事業者の皆様へ～」などの自治体のパンフレットなどが参考になるでしょう。

【参考】

・仙台市ウェブサイト「産業廃棄物の適正処理のために～排出事業者のみなさまへ～」
https://www.city.sendai.jp/shido-jigyo/jigyosha/kankyo/haikibutsu/jigyogomi/tebiki/documents/202008ver.pdf

また、適切な処分を行わなかった時の罰則についても、併せて社内規程に反映させておくとともに、従業員に周知しておくとよいでしょう。

この点、実際に家庭内で従業員がそれに従って廃棄物の処理をするどうかについては、最終的にはテレワークを行っている従業員の判断に任されてしまうので、企業としては都度確認を行う等によってチェックするしかありません。

ただ、企業の姿勢として、廃棄物を適切に処理をするための社内規程を定め、従業員に周知していたとの事実を作っておくことは、レピュテーションとの関係でも非常に重要です。

3．機密情報管理の観点に基づく処理方法の反映

廃棄方法を適切なものにすると同時に、機密文書の管理を徹底する観点から、社内で機密文書廃棄に関する社内規程を作って明文化しておくことも重要です。

まず、「機密文書」の定義や範囲を明確にしたうえで、その重要度に応じて「社外秘」「極秘」等の位置付けを行います。そして、管理方法や管理の責任者、保管期間、廃棄する際の条件、廃棄方法などをあらかじめ決定しておきましょう。

また、作成した社内規程を全従業員に対して周知して、実行を促していくことで、企業全体のなかで機密文書管理についての意識を高めておくことが大切です。安全・確実に廃棄まで行えるよう、機密文書廃棄の方法と手順をしっかり確立しておきましょう。

たとえば「営業秘密」とは、秘密として管理されている生産方法や販売方法など、事業に欠かせない技術・営業にまつわる情報で、公に知られていないものであると不正競争防止法上定められています。

具体的には、顧客リストや販売・接客マニュアル、設計図や製造方法、技術情報、研究のデータなどが、営業秘密に該当します。

さらに、紙媒体だけでなく、PC や記憶メディアなど電子媒体のデータや、クラウド上の情報など媒体を持たない情報なども含まれます。

上記のような情報が、①秘密として管理されていること（秘密管理性）、②事業に有用な情報であること（有用性）、③世間一般に知られていないこと（非公知性）、という３つの要件を満たしている場合、営業秘密として保護されることになりますので、これらをテレワークの際に在宅勤務の従業員に取り扱わせる際には、あらかじめ管理や取

扱い、廃棄に至るまでの具体的な方法を社内規程において定め、従業員に周知しておくことが必要です。

Q19 テレワーク時の機密情報の管理について

テレワーク時の機密情報の管理について、どのように社内規程に反映すればよいでしょうか？

重要度：★★★

Answer

機密情報管理の必要性を理解したうえで、情報セキュリティポリシーを策定したり、社内規程に具体的な防止策を定めたりすることが考えられます。

1．機密情報管理の必要性

当初はコロナ禍の緊急的な措置として各企業が対応を迫られたテレワークですが、時間や場所を有効に活用した就労・作業形態を実現できることは、企業の競争力強化のみならず、新しいビジネスの創出や労働形態の改革、事業継続性の向上をもたらすとともに、多様化する個々人のライフスタイルに応じた柔軟かつバランスのとれた働き方の実現にも寄与することになりました。

また、テレワークは、SDGsの観点からも、少子高齢化対策、経済再生、雇用創出、地域振興、防災・環境対策などの様々な目的のためにも効果があると考えられています。そのため、今後もリモート・デジタル化の潮流は収まらず、テレワークがいっそう普及することが考えられます。

他方で、従業員が事業所と異なる場所で勤務することに伴って、情報が外部に漏えいするリスクが増加するため、情報セキュリティ対策をしっかりと行うことが、テレワークを活用した企業価値の向上や経営戦略にとって重要と考えられます。

2．情報セキュリティポリシーの策定

（1）情報セキュリティポリシー

情報セキュリティ対策を行う上で最も基本となるルールが、「情報セキュリティポリシー」です。情報セキュリティポリシーは、自社における「情報セキュリティに関する方針や行動指針」をまとめた文書を指し、これを作成することで、統一のとれた情報セキュリティレベルを確保することができると考えられます。

情報セキュリティポリシーは、

①　全体の根幹となる「基本方針」

②　基本方針に基づき実施すべきことや守るべきことを規定する「対策基準」

③　対策基準で規定された事項を具体的に実行するための手順を示す「実施内容」

という3つの階層で構成されています。

上記の内容は、それぞれの企業の企業理念、経営戦略等によって異なるため、自社の企業活動に合致した情報セキュリティポリシーを定める必要があります。

（2）テレワークとの関係

テレワークとの関係では、上記基本方針は変わらないとしても、対策基準や実施内容についてはテレワークを考慮したものとする必要があるでしょう。

たとえば、テレワークの際に用いる端末の運用管理部署とテレワーク勤務者の所属する部署が別であれば、テレワーク中に情報漏えい等の事故が起きた場合の対応はどちらが行うのかということをあらかじめ定めておく必要があります。

また、最新の法令やニュース等を確認したうえで情報セキュリティポリシーを都度更新したり、企業の規模等の変化に伴って、情報セキュリティポリシーを修正したりすることが必要です。

また、テレワークは、様々な環境で業務を行うことが可能になることから、機密情報の外部流出を防ぐためのルール（電子データの持出しに当たっては暗号化等の対策がきちんとされていることについてチェックし、上長や管理者の許可を得ること等）を設けるとともに、社内規程にこれらのルールや違反した場合の罰則等を設けることも考えられます。

【参考】

・総務省ウェブサイト「テレワークセキュリティガイドライン　第4版」
https://www.soumu.go.jp/main_content/000545372.pdf

・経済産業省ウェブサイト「テレワーク時における秘密情報管理のポイント（Q&A解説）」
https://www.meti.go.jp/policy/economy/chizai/chiteki/pdf/teleworkqa_20200507.pdf

Q20	自治体の案内について

テレワークで発生した廃棄物について自治体では何か案内をしていますか？

重要度：★★

Answer

テレワークで発生した廃棄物の処理方法については、原則として、法令を参照しながら、「産業廃棄物」に該当するかどうかを確認して、処理方法を判断する必要があります。

もっとも、「産業廃棄物」に該当しない場合でも、廃棄物の種別や処理方法に関する実際の取扱いについては、「事業系一般廃棄物」に該当するか等、自治体ごとに異なる場合もあります。廃棄物の種別や処分方法に係る具体的な運用については、各自治体のウェブサイトにおいて公開されている例も多いので、確認するようにしましょう。

1．事業系廃棄物か家庭系廃棄物か

廃棄物には、事業活動によって生じた「事業系廃棄物」と、家庭で生じた「家庭系廃棄物」とがあり、それぞれ処理方法が異なります。

そのため、テレワークにおいて排出される廃棄物が上記のいずれであるかということが、まず問題となります（「テレワーク」の意義については、Q１参照）。

テレワークは、大きく雇用型テレワークと自営型テレワークに区別されますが、これらは事業者と作業者の間の契約形態に基づく区別であって、いずれにしても、事業活動の方法として行われるものである

ことに変わりはありません。そのため、テレワークという事業活動において排出される会社の備品などの廃棄物は、事業系廃棄物であるということができるでしょう。

2．産業廃棄物と事業系一般廃棄物の区別

事業系廃棄物は、法令上、「産業廃棄物」と、それ以外の「事業系一般廃棄物」に区別されています。廃棄物が産業廃棄物に該当するのか、それともそれ以外の一般廃棄物であるのかということによって、その処分方法は全く異なってきますので、この区別は、非常に重要です。

この点について、廃棄物が、産業廃棄物に該当するのか事業系一般廃棄物に該当するかは、当該廃棄物が、廃棄物処理法第２条第４項第１号、第２号に廃棄物に該当するか否かによって決定されます。

しかし、テレワークの際に発生する廃棄物については、産業廃棄物と事業系一般廃棄物、家庭系廃棄物を厳密に区別することは実際には難しい場合が多くあり、個々の従業員の良心に任せざるを得ない部分もあると指摘されています。

また、形式的には廃棄物が法令上の産業廃棄物に該当する「廃プラスチック類」等である場合にも、自治体における実際の運用においては、従業員等の個人消費に伴って生ずる弁当等のプラ製容器包装、プラ製品、ビニール袋、ペットボトル等については、一般廃棄物であるとする自治体もあるなど、自治体によって取扱いが異なる場合があります。

そのため、原則としては、法令を参照しながら産業廃棄物に該当するかどうかを判断しつつ、実際の取扱いについては各自治体に確認し

たうえで、取り扱うことになるでしょう。なお、自治体ごとの取扱いを反映した社内規程を作成することは、たとえば事業所とテレワーク先の自治体が異なる場合には、別々の社内規程を作成しなければならない可能性があるため注意が必要です。そのため、社内規程を作成する際には、原則として法令に則って作成したうえで、運用については、各従業員に自身がテレワークを行う場所（多くは自宅と考えられますが）の自治体にも取扱いを確認してもらったうえで対応してもらうことになるでしょう。

3．自治体の案内

なお、以下のとおり、事業系廃棄物の種別や、事業系廃棄物の処分方法について、インターネット上にて情報公開をしている自治体も多数あります。

以下にその一部を紹介します。

・明石市ウェブサイト
https://www.city.akashi.lg.jp/kankyou/clean_cen/kurashi/gomi/dashikata/dasenaimono.html
・仙台市ウェブサイト
https://www.city.sendai.jp/haikishido/shitumon.html
https://www.city.sendai.jp/shido-jigyo/jigyosha/kankyo/haikibutsu/jigyogomi/tebiki/documents/202008ver.pdf
・札幌市ウェブサイト
https://www.city.sapporo.jp/seiso/jigyousyo/guidebook/office_guidebook.html

・弘前市ウェブサイト

http://www.city.hirosaki.aomori.jp/kurashi/gomi/2015-1001-1015-385.html

http://www.city.hirosaki.aomori.jp/kurashi/gomi/271001.pdf

・京都市ウェブサイト

https://www.city.kyoto.lg.jp/kankyo/page/0000001648.html

・松山市ウェブサイト

https://www.city.matsuyama.ehime.jp/kurashi/gomi/dashikata/faq.html

・前橋市ウェブサイト

https://www.city.maebashi.gunma.jp/soshiki/kankyo/haikibutsutaisaku/oshirase/2398.html

・木更津市ウェブサイト

https://www.city.kisarazu.lg.jp/kurashi/gomi/dashikata/1001199.html

Part2　ポストコロナ時代のオフィスにおける廃棄物処理・情報管理

Q21	社内で不要となった電子機器の処分方法は？

テレワークへの移行により、社内で不要となった電子機器が大量に出てきましたが、どのように処分したら良いでしょうか？

重要度：★★

Answer

オフィス家電を廃棄するに当たっては、廃棄物処理法、小型家電リサイクル法、資源有効利用促進法が規定しています。

具体的には、事業者は産業廃棄物の収集運搬・処分の許可業者に引き渡すか、小型家電リサイクル法認定事業者に処理を委託するか、「指定再資源化製品」等に該当する製品を製造業者（メーカー）に引き渡すといった対応が考えられます。

また、有価物として処分することも考えられます。

1．オフィス家電を廃棄する際の事業者の責務に関する関係法令

オフィス家電を廃棄する際の事業者の責務に関する法令は、以下の3種類です。

（1）廃棄物処理法

廃棄物処理法第３条では、「事業者は、事業活動に伴つて生じた廃棄物を、自らの責任において適正に処理しなければならない。」と定

めており、電子機器も例外ではありません。
　そのため、事業者は、廃棄物処理法に基づいて、電子機器を処分することができます。

（2）小型家電リサイクル法

　小型家電リサイクル法第７条では、「事業者は、その事業活動に伴って生じた使用済小型電子機器等を排出する場合にあっては、当該使用済小型電子機器等を分別して排出し、第十条第三項の認定を受けた者その他使用済小型電子機器等の収集若しくは運搬又は再資源化を適正に実施し得る者に引き渡すよう努めなければならない。」と定めています。
　そのため、事業者は、同法の対象品目である電子機器については、同法に基づいて処分することもできます。

（3）資源有効利用促進法

　資源有効利用促進法第４条第２項では、「事業者又は建設工事の発注者は、その事業に係る製品が長期間使用されることを促進するよう努めるとともに、その事業に係る製品が一度使用され、若しくは使用されずに収集され、若しくは廃棄された後その全部若しくは一部を再生資源若しくは再生部品として利用することを促進し、又はその事業若しくはその建設工事に係る副産物の全部若しくは一部を再生資源として利用することを促進するよう努めなければならない。」と定めています。
　そのため、事業者は、同法の対象品目である電子機器については、同法に基づいて処分することもできます。

2．電子機器を廃棄する場合に想定される選択肢及び取扱い上の留意事項等

（1）廃棄物処理法に基づく処分

事業活動によって生じた廃棄物は、事業系廃棄物として産業廃棄物とそれ以外の事業系一般廃棄物に区別されます。産業廃棄物とは、法令（廃棄物処理法第２条第４項第１号、第２号）で定められた20種類のもの及び輸入された廃棄物（航行廃棄物及び携帯廃棄物を除く）のことをいいます。

廃棄物処理法上、電子機器は、「廃プラスチック類」、「金属くず」、「ガラスくず」等に該当しますので、産業廃棄物に該当します。

そのため、電子機器を処分するに当たって、リサイクル回収を利用せずに廃棄する場合には、廃棄物処理法上の産業廃棄物の処理方法に従って処理をしなければなりません。具体的には、産業廃棄物の収集運搬・処分の許可業者に引き渡します。

もっとも、電子機器は、「有価物として処分する」方法も考えられます。廃棄物処理法では、廃棄物の定義を、「ごみ、粗大ごみ、燃え殻、汚泥、ふん尿、廃油、廃酸、廃アルカリ、動物の死体その他の汚物又は不要物であつて、固形状又は液状のもの（放射性物質及びこれによつて汚染された物を除く。）をいう。」としており（第２条第１項）、いわゆる有価物は廃棄物ではないとされているためです。

そこで、不要な電子機器を産業廃棄物の収集運搬・処分の許可業者に引き渡すというのではなく、有価物として、リサイクルショップ等に有償で引き渡すという方法も考えられます。

なお、電子機器を有償で引き取ることを謳い文句とする業者のなかには、価値のある部品等だけを抜き取って、その他を不法投棄する業

者がいることが問題視されています。

（2）小型家電リサイクル法に基づく処分

処分しようとする電子機器が小型家電リサイクル法の対象品目でもある場合には、同法に基づく処分も可能です。

かかる場合、小型家電リサイクル法認定事業者に処理を委託することになりますが、処理方法は（1）とあまり変わらないことになります（注意点については、Q23参照）。

（3）資源有効利用促進法に基づく処分

デスクトップ本体、ノートパソコン、液晶またはブラウン管ディスプレイなどの電子機器については、資源有効利用促進法において、「指定省資源化製品」、「指定再利用促進製品」、「指定再資源化製品」に指定され、製造業者に対して、リデュース、リユース、リサイクルに配慮した設計が求められたり、回収・再資源化が求められています。

そのため、これらの製品については、各メーカーの窓口に連絡の上で、引き渡すことが可能です。

【参考】

・一般社団法人京都府産業廃棄物 3R 支援センターウェブサイト
http://www.kyoto-3rbiz.org/

Q22　電子廃棄物の処分を業者に委託する際の注意点

電子廃棄物の処分を業者に委託しようと考えておりますが、その際の注意点はありますか？

重要度：★★★

Answer

電子廃棄物について、産業廃棄物として処分の委託をする際には、産業廃棄物の収集運搬と処分について、それぞれ収集運搬業、処分業の許可を持つ者に委託する必要があります。また、許可業者との間で処理委託契約を締結するに当たっては、書面で委託契約を締結すること、産業廃棄物管理票（マニフェスト）の交付をすること、適正に最終処分されるまで業者による報告を確認すること等といった点に注意する必要があります。

1．電子廃棄物の処分方法

（1）廃棄物処理法上の定め

事業活動によって生じた廃棄物は、事業系廃棄物に該当します。事業系廃棄物は、産業廃棄物と、それ以外の事業系一般廃棄物とに区別されますが、電子機器は廃棄物処理法上「廃プラスチック類」、「金属くず」、「ガラスくず」等に該当するため、産業廃棄物に該当します。本設問では、産業廃棄物の処分を業者に委託する際の注意点を解説しますが、前述のように産業廃棄物として処理しない方法もあります（Q21）。

（2）産業廃棄物の処理に関するルール

① 収集運搬・処分（処理事業者に委託する場合）

ア 書面による委託契約の締結

排出事業者は、産業廃棄物の収集運搬を第三者に委託する場合には、収集運搬業の許可を持つ者との間で、書面によって委託契約を結ばなければなりません。

また、廃棄物の処分を委託する場合には、処分業の許可を持つ者と、それぞれ、書面で委託契約を結ばなければなりません。

また、排出事業者は、処理事業者に処理を委託した場合でも、廃棄物が適正に最終処分されるまで、一連の処理に対して責任を負います。そのため、廃棄物処理業者との間で契約を締結するに当たっては、委託しようとする処理の内容について、処理業者が許可を受けた内容に含まれているかどうか、許可証の写しを求める等して確認しましょう。

イ 事業者からの報告の管理・確認

排出事業者は、委託する産業廃棄物の処理の状況に関する確認を行った上で、最終処分終了までの一連の処理行程における処理が適正に行われるために必要な措置を講ずるよう努めなければなりません。

ウ 委託契約書の保存等

委託契約書は、契約書のなかに書くべき事項が法律で定められており、５年間保存しなければなりません。また、契約書には許可証の写しの添付が必要になります。

なお、委託契約は、収集運搬業者及び処分業者とそれぞれ締結する

図表2－7　契約書に必要な記載事項

【廃棄物処理法施行令 第6条の2第4号】
イ　委託する産業廃棄物の種類及び数量
ロ　産業廃棄物の運搬を委託するときは、運搬の最終目的地の所在地
ハ　産業廃棄物の処分又は再生を委託するときは、その処分又は再生の場所の所在地、その処分又は再生の方法及びその処分又は再生に係る施設の処理能力
ニ　産業廃棄物の処分又は再生を委託する場合において、当該産業廃棄物が法第15条の4の5第1項の許可を受けて輸入された廃棄物であるときは、その旨
ホ　産業廃棄物の処分（最終処分（法第12条第5項に規定する最終処分をいう。以下同じ。）を除く。）を委託するときは、当該産業廃棄物に係る最終処分の場所の所在地、最終処分の方法及び最終処分に係る施設の処理能力
ヘ　その他環境省令で定める事項

【廃棄物処理法施行規則 第8条の4の2】
一　委託契約の有効期間
二　委託者が受託者に支払う料金
三　受託者が産業廃棄物収集運搬業又は産業廃棄物処分業の許可を受けた者である場合には、その事業の範囲
四　産業廃棄物の運搬に係る委託契約にあつては、受託者が当該委託契約に係る産業廃棄物の積替え又は保管を行う場合には、当該積替え又は保管を行う場所の所在地並びに当該場所において保管できる産業廃棄物の種類及び当該場所に係る積替えのための保管上限
五　前号の場合において、当該委託契約に係る産業廃棄物が安定型産業廃棄物であるときは、当該積替え又は保管を行う場所において他の廃棄物と混合することの許否等に関する事項
六　委託者の有する委託した産業廃棄物の適正な処理のために必要な次に掲げる事項に関する情報
　イ　当該産業廃棄物の性状及び荷姿に関する事項
　ロ　通常の保管状況の下での腐敗、揮発等当該産業廃棄物の性状の変化に関する事項
　ハ　他の廃棄物との混合等により生ずる支障に関する事項
　ニ　当該産業廃棄物が次に掲げる産業廃棄物であつて、日本産業規格C0950号に規定する含有マークが付されたものである場合には、当該含有マークの表示に関する事項
　　(1)　廃パーソナルコンピュータ
　　(2)　廃ユニット形エアコンディショナー
　　(3)　廃テレビジョン受信機
　　(4)　廃電子レンジ
　　(5)　廃衣類乾燥機
　　(6)　廃電気冷蔵庫
　　(7)　廃電気洗濯機

ホ　委託する産業廃棄物に石綿含有産業廃棄物、水銀使用製品産業廃棄物又は水銀含有ばいじん等が含まれる場合は、その旨
ヘ　その他当該産業廃棄物を取り扱う際に注意すべき事項
七　委託契約の有効期間中に当該産業廃棄物に係る前号の情報に変更があつた場合の当該情報の伝達方法に関する事項
八　受託業務終了時の受託者の委託者への報告に関する事項
九　委託契約を解除した場合の処理されない産業廃棄物の取扱いに関する事項

必要がありますが、収集運搬と処分を同一の者に委託しようとする場合には、１つの契約書でまとめることも可能です。

② マニフェストの交付

排出事業者は、マニフェストを交付しなければなりません。

マニフェストには、紙によるもの（通常は複写式）とインターネットを利用した電子マニフェストがあります。紙マニフェストは、それぞれの処理行程が終了した後、排出事業者に伝票が戻されるため、控えと照合して、適正に処理されたことを確認することになります。

テレワークで排出される電気廃棄物を処理業者に委託する場合でも企業が排出事業者となりますので、マニフェストについても適切に対応する必要があります。

図表2－8　マニフェストの流れ

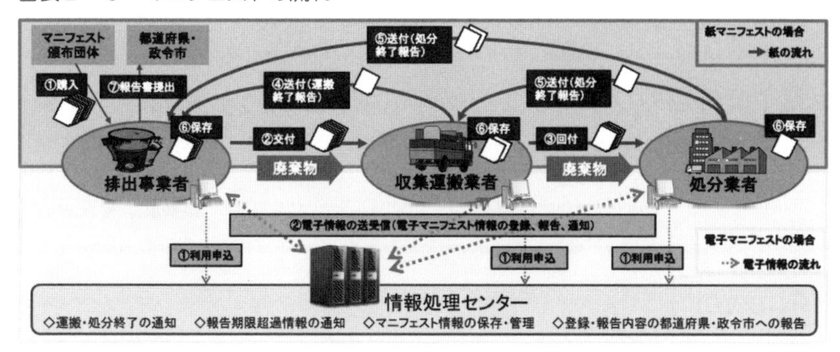

出典：環境省ウェブサイト「産業廃棄物のマニフェスト制度の概要」
https://www.env.go.jp/other/basic_plan_for_online_procedures_enhancement/pdf/manifest_system_of_industrial_waste_overview.pdf

Q23　電子廃棄物のリサイクルを業者に依頼する際の注意点

電子廃棄物のリサイクルを業者に依頼しようと考えていますが、その際の注意点はありますか？

重要度：★★★

Answer

電子廃棄物のリサイクルを業者に依頼する際には、小型家電リサイクル法認定事業者に処理を委託する必要があります。委託に当たっては、契約書の作成・マニフェストの交付等といった、廃棄物処理法に基づく排出事業者の委託基準も遵守する必要があります。

パソコン製品については、メーカーに回収・再資源化の義務が課せられているため、メーカーに連絡して引き渡すことも可能です。

1．電子廃棄物のリサイクルに関係する法律

電子廃棄物のリサイクルについては、小型家電リサイクル法及び資源有効利用促進法に規定があり、これらの法律に基づいて処分をすることが可能です（各法律で規定されている排出事業者の責務の内容については、Q21参照）。

2．電子廃棄物のリサイクルの注意点

（1）小型家電リサイクル法に基づく処分

①　小型家電リサイクル法の対象となるもの

家電リサイクルに関する法律としては、家電リサイクル法と小型家電リサイクル法がありますが、家電リサイクル法の対象外となる小型

家電28品目には、電子機器が含まれます。例えば、携帯電話端末、パーソナルコンピュータ（モニターを含む。）、電話機・ファクシミリ、カー用品（カーナビ等）など、企業で使用されている様々な電子機器が、小型家電リサイクル法に基づくリサイクル対象になります。

これは、近年電子機器に含まれるアルミ、貴金属、レアメタル等が、リサイクルされず廃棄されてきたことの問題意識を受け、そのリサイクルが急務であるとされたため、このような法制度が設けられているものです。

電子機器を処分する場合には、多くの場合に、同法に基づく処分が可能ですので、企業は検討するようにしましょう。

② 小型家電リサイクル法認定事業者に処理を委託する必要

小型家電リサイクル法では、「小型家電リサイクル法認定事業者」または「小型家電リサイクル法認定事業者の委託業者」による回収が認められています。そして、同法に基づいて処分をするためには、小型家電リサイクル法上の認定事業者に対して処理を委託する必要があります。

そのため、排出事業者たる企業は処分を委託する業者が認定事業者であることの確認が必要です。

③ 契約書の作成、マニフェストの交付等も必要

また、小型家電リサイクル法に基づいて廃棄物処理を委託する場合であっても、同法には、委託基準に関する排出事業者側の責任を緩和する規定があるわけではありません。

そのため、廃棄物処理法に基づいて産業廃棄物の処理委託をする場

合と同様に、委託契約書の作成やマニフェストの交付等（Q22参照）が必要であることにも、注意が必要です。

（2）資源有効利用促進法に基づく処分

デスクトップ本体、ノートパソコン、液晶またはブラウン管ディスプレイなどの電子機器については、資源有効利用促進法において、「指定省資源化製品」ないし「指定再利用促進製品」に指定されており、メーカー（製造業者、輸入販売業者）に対して、リデュース、リユース、リサイクルに配慮した設計が求められています。

なお、事業系のパソコン等については、2001年（平成13年）4月以降に販売された事業系パソコンについて、メーカーに対し、回収・再資源化の義務が課せられました。

そのため、事業者（ここではパソコンの消費者という扱いになります。）は、各メーカーの窓口に連絡の上で、パソコンを引き渡すことが可能です。

【参照】

・環境省ウェブサイト「使用済小型電子機器等の回収に係るガイドライン（Ver. 1.2）」
https://www.env.go.jp/recycle/recycling/raremetals/gaidorain30-06.pdf

Q24	テレワーク中の従業員は正しいごみの処理をしている？

テレワークとなった従業員が正しくごみを処理しているか把握する方法はあるでしょうか？

重要度：★★★

Answer

企業は、発生した産業廃棄物について処理委託契約書を作成し、マニフェストを交付します。そのため、産業廃棄物の処理状況はマニフェストを確認することで把握することができます。

マニフェストには、紙によるものと、インターネットを利用した電子マニフェストがありますが、電子マニフェストの方がマニフェストの登録・管理がしやすく、偽造しにくい等の利点があります。

1．産業廃棄物の処理情報把握の必要性

これまでのQ&Aで解説したとおり、テレワークにおける廃棄物は、家庭系廃棄物ではなく、法令上は事業系廃棄物に該当するため、会社の備品などの廃棄物を処分するに当たっては、廃棄物処理法等の法令に則って、適正に処理をする必要があります。

特に、廃棄物が事業系一般廃棄物であるか、それとも産業廃棄物（廃棄物処理法第２条第４項第１号、第２号）に該当するかによって、その処分方法が全く異なってきますので、その区別は非常に重要な問題です。

企業（排出事業者）には、廃棄物の適正な処理に関する責任がありますので、テレワークとなった従業員が正しくごみを処理しているか

どうか把握する必要が生じます。

2. 処理状況把握の方法

テレワークをする従業員が排出する産業廃棄物の管理・処分は、廃棄物処理法上「保管」に当たるため、環境省令の定める産業廃棄物保管基準に従う必要があります（廃棄物処理法第12条第２項）。また、産業廃棄物の「収集運搬」、「処分」を処理事業者（許可業者）に委託するに当たっては、事業者が許可業者との間で契約書を作成して、産業廃棄物管理票（マニフェスト）の交付をする必要があります（Q22）。

そのため、事業者は、委託契約書やマニフェストを作成し、それを確認することで、産業廃棄物の処理状況を把握することができます。

他方で、実際には産業廃棄物や事業系一般廃棄物に該当する廃棄物であっても、テレワークの場合には家庭用一般廃棄物との区別がつきにくく、最終的な処理の判断については従業員の良心に任せざるを得ないことが指摘されています。

そのため、事業者としては、社内規程等で、何が「産業廃棄物」に該当するか等を従業員に周知させることによって、廃棄物が法令等に従って適切に処理されるよう注意したいところです。

Q25　テレワーク移行後のオフィス内の清掃について

テレワークに移行したため、オフィス内の清掃を行っておりませんが、問題ないでしょうか？

重要度：★

Answer

事業者は、労働安全衛生法の規定に基づくオフィスの清掃義務を負っています。人が頻繁に出入りしなくなったとしても管理・点検・清掃の必要性がなくなるわけではないため、定期的な清掃、大掃除を行うことが推奨されます。また、大掃除の実施については、廃棄物処理法第５条３項にも定めがあります。

1．清掃等の実施義務

事業者のほとんどは、日常的にオフィス内の清掃を行っていますが、オフィスの清掃については、法律上、事業者に義務として課せられています。

職場における労働者の安全と健康を確保することや、快適な職場環境の形成を促進することを目的とした法律として、労働安全衛生法があります。

そして、同法の第23条には、「事業者は、労働者を就業させる建設物その他の作業場について、通路、床面、階段等の保全並びに換気、採光、照明、保温、防湿、休養、避難及び清潔に必要な措置その他労働者の健康、風紀及び生命の保持のため必要な措置を講じなければならない。」と定められています。

また、上記の法律を具体化した労働安全衛生規則第619条に、事業者の清掃等の実施に関する義務が定められています。

（清掃等の実施）
第六百十九条　事業者は、次の各号に掲げる措置を講じなければならない。
一　日常行う清掃のほか、大掃除を、六月以内ごとに一回、定期に、統一的に行うこと。
二　ねずみ、昆虫等の発生場所、生息場所及び侵入経路並びにねずみ、昆虫等による被害の状況について、六月以内ごとに一回、定期に、統一的に調査を実施し、当該調査の結果に基づき、ねずみ、昆虫等の発生を防止するため必要な措置を講ずること。
三　ねずみ、昆虫等の防除のため殺そ剤又は殺虫剤を使用する場合は、医薬品、医療機器等の品質、有効性及び安全性の確保等に関する法律（昭和三十五年法律第百四十五号）第十四条又は第十九条の二の規定による承認を受けた医薬品又は医薬部外品を用いること。

このように、快適な職場環境を保つために、6カ月に1回の頻度で会社の大掃除を実施することが、労働安全衛生法（及びその下位規則）によって事業主に義務付けられています。

前述の労働安全衛生法第23条違反に対しては、罰則規定もあるため注意が必要です。

具体的には、事業主が半年に1回の大掃除を行わなかった場合、6

カ月以下の懲役、または50万円以下の罰金が科せられる可能性があります（第119条１号）。

2．まとめ

以上のとおり、事業者は、オフィスの清掃の義務を負っている以上、テレワークによって、オフィスを日常的に使用しなくなったとしても、定期的な清掃や大掃除を行わなければなりません。

実質的にみても、人が頻繁に出入りしなくなったとしても、建物や設備の老朽化、漏電・漏水の点検や、ねずみ、害虫等が発生していないかどうかの確認等が必要なため、定期的な清掃、大掃除を行ったほうがよいでしょう。

Q26	会社へ廃棄物を発送してもよい？

テレワーク中の従業員から、会社に書類や備品の廃棄物が送られてきましたが、法令違反ではないでしょうか？

重要度：★★

Answer

テレワーク先にて発生した書類や備品などは、事業系廃棄物という取扱いになるため、産業廃棄物に該当するか、それ以外の事業系一般廃棄物であるかによって、それぞれに応じた収集運搬業者に運搬を委託する必要があります。

また、宅配便等で送られてきた場合には法令違反となる可能性があるため、従業員に対してそのような対応で処理することがないよう社内規程等によって周知するようにしましょう。

1．テレワークにおける廃棄物の種別について

廃棄物には、事業活動によって生じた事業系廃棄物と、家庭で生じた家庭系廃棄物とがありますが、テレワークにおいて排出される廃棄物は、基本的に事業系廃棄物に該当します。

また、事業系廃棄物については、産業廃棄物（廃棄物処理法第２条第４項１号、２号で定められた20種類のもの及び輸入された廃棄物（航行廃棄物及び携帯廃棄物を除く））とそれ以外の事業系一般廃棄物の区別があります。

産業廃棄物に該当するかどうかによって、保管、収集運搬・処分について求められる基準や処分方法が全く異なってきますので、注意が

必要です。

2．事業系廃棄物の処分方法

（1）保管に関するルール

　産業廃棄物の排出事業者は、産業廃棄物が事業場から排出されるまでの間、分別した産業廃棄物ごとに、廃棄物処理法及び環境省令で定める基準に基づいて、産業廃棄物を保管しなければなりません（廃棄物処理法第12条第２項）。

（2）収集運搬・処分に関するルール

①　自己運搬

　排出事業者が自ら産業廃棄物を運搬する場合には、収集運搬業の許可は不要ですが、産業廃棄物を目的地まで運搬するに当たっては、廃棄物処理法に基づく基準を守る必要があります（一般的には、産業廃棄物に該当する場合には、自社で運搬するよりも許可業者に委託する方法を取る場合が多いでしょう。）。

②　自己処分

　排出事業者が産業廃棄物を自ら処分する場合は、処分業の許可は不要ですが、産業廃棄物を処分するための基準（飛散・流出の防止等）を守らなければいけません。

③　処理事業者に委託する場合

　排出事業者は、処理事業者に産業廃棄物の収集運搬・処理を委託した場合でも、廃棄物が適正に最終処分されるまで、一連の処理に責任を負いますので、委託契約書や、マニフェストの交付などの義務を適正に遵守する必要があります（契約・マニフェスト作成上の注意点は、Q22参照）。

3．テレワーク先で発生した廃棄物を宅急便等で送付することの可否

前述のとおり、テレワーク先で発生した廃棄物は、産業廃棄物に該当する場合であっても、事業系一般廃棄物であるという場合であっても、運搬を外部の業者に委託する場合には、それぞれ産業廃棄物収集運搬業者ないし一般廃棄物収集運搬業者に委託する必要があります。

そのため、宅配便など、一般廃棄物収集運搬業者ではない者に対して、その運搬を委託することはできません。

なお、実際にはテレワークの場合に、テレワーク先から事業所へ廃棄物として不要な資料を送付しているのか、価値のある資料を送付しているのかとの判断は非常に難しく、運搬物が「廃棄物」であることを前提とすれば法令違反となる可能性があるため、「テレワークの際に発生した廃棄物を不適正な方法で会社に集めている」との判断がなされないように注意が必要です。

Q27	新型コロナウイルスの感染経路となりうる廃棄物の扱い

社員が捨てたマスクやちり紙など、新型コロナウイルスの感染経路となりうる廃棄物の扱いについての対応はどのようにしたら良いでしょうか？

重要度：★★★★

Answer

一般の事業者が排出するマスク、ちり紙などは事業系一般廃棄物として取り扱われます。他方で、ウイルス感染のリスクを抑えるためには、マスク等のごみに直接触れないこと、ごみ袋がごみで一杯になる前にしっかり縛って封をして排出することなどの感染対策を行うことが推奨されます。

1．マスク、ちり紙などの廃棄物の種別

（1）廃棄物の種別

廃棄物には、事業活動によって生じた事業系廃棄物と、家庭で生じた家庭系廃棄物とがあり、さらに、事業系廃棄物は、事業活動に伴って生じた廃棄物のうち、法令（廃棄物処理法第２条第４項１号、２号）で定められた20種類のもの及び輸入された廃棄物（航行廃棄物及び携帯廃棄物を除く）である「産業廃棄物」と、それ以外の「事業系一般廃棄物」とに区別されています。

社員が捨てたマスクやちり紙などの廃棄物は、産業廃棄物の20項目には該当しないため、基本的に事業系一般廃棄物に該当します（テレワークの場合には「個人として使用した」ものとして家庭用一般廃棄

物に該当する可能性がありますが、今回は事業所の場合を想定しています。)。

(2) 感染性廃棄物に該当するかどうか

事業系一般廃棄物のうち、特に、「爆発性、毒性、感染性その他の人の健康又は生活環境に係る被害を生ずるおそれがある性状を有するものとして政令で定めるもの」については、「特別管理一般廃棄物」に該当します(廃棄物処理法第2条第3号)。

そこで、ウイルスが付着した可能性のあるごみは、この「特別管理一般廃棄物」のなかの「感染性廃棄物」に該当するのではないかという問題がありますが、感染性廃棄物は、病院、診療所、介護老人保健施設などの医療関係機関等から生じたものであることが要件の1つとされています(廃棄物処理法施行令第1条第8号)。

したがって、一般の事業所においては、ウイルス感染対策として使用したマスクやちり紙等であっても、感染性廃棄物として取り扱う必要はなく、事業系一般廃棄物として処理することができます。

2. 事業系一般廃棄物の処理方法

事業系一般廃棄物に該当する場合、その収集・運搬・処分等の対応は市区町村によって異なります。そのため、事業者は、自身が事業系一般廃棄物を排出する市区町村の条例等を確認することによって、適切な処理方法を確認しなければなりません。

3. 新型コロナウイルスの感染拡大防止のための対応

昨今では、新型コロナウイルス拡大防止の観点からも、廃棄物の取扱いを考える必要があります。

職場において、手洗いや手指消毒、咳エチケット、職員同士の距離確保、事業場の換気励行など、感染防止のための取組みを行うことはもちろんですが、廃棄物の取扱いについても、社内や、廃棄物処理委託先事業者に対して、新型コロナウィルスの感染リスクを抑えるための注意が必要となります。

この点について、環境省は、ごみに直接触れないこと、ごみ袋はごみが一杯になる前にしっかり縛って封をして排出すること、ごみを捨てた後は石けん等を使って手を洗うことを、具体的な感染防止策として推奨しています。ごみが袋の外面に触れた場合や、袋を縛った際に隙間がある場合、袋に破れがある場合など密閉性をより高める必要がある場合には、二重にごみ袋に入れることも有効であるとされています。

ごみに直接触れないようにするための方法としては、マスク等のごみは、通常のごみと分別管理して廃棄することや、ごみの処理の際には使い捨て手袋を使用することで直接接触を避ける等といった、リスク低減のための工夫が考えられるでしょう。

【参考】

・環境省ウェブサイト「廃棄物処理における新型コロナウイルス感染症対策に関するQ&A（令和２年５月１日）」
https://www.env.go.jp/recycle/waste/sp_contr/infection/200501qa.pdf

・厚生労働省ウェブサイト「新型コロナウイルスに関するQ&A（企

業の方向け)」

https://www.mhlw.go.jp/stf/seisakunitsuite/bunya/kenkou_iryou/dengue_fever_qa_00007.html

・厚生労働省ウェブサイト「職場における新型コロナウイルス感染症への感染予防及び健康管理に関する参考資料一覧」

https://www.mhlw.go.jp/stf/seisakunitsuite/bunya/0000121431_00226.html

・厚生労働省ウェブサイト「新型コロナウイルス感染症対策の基本的対処方針(抜粋)令和2年3月28日(令和3年7月8日変更)」

https://www.mhlw.go.jp/content/000805538.pdf

―参考資料―

テレワークにおける廃棄物処理・情報管理に関する社内規程例

読者企業の既存の就業規則に、テレワークにおける廃棄物・情報管理（主に廃棄に関わる部分）についての条項を追加する場合を想定し、その条項のみを表示するという形式にしております。

各条文は独立した内容となっております。

各企業において、「テレワーク時における勤務規程」「情報管理規程」「個人情報保護規程」「特定個人情報取扱規程」「文書規程」「ITセキュリティ管理規程」等、既に規程を定めていらっしゃる場合、当該規程の中に、次頁のテレワーク中の廃棄物・情報管理についての規程を適宜ご利用ください。

ご参考になれば幸いです。

なお、各規程例につきましては、下記のURLよりダウンロードすることが可能です。

https://skn-cr.d1-law.com/
（注：「ハイフン」２か所、真ん中「ｄ１」は「ディー（英小文字）」「数字の１（いち）」です。）

（テレワーク中の廃棄物に関する原則）

第○条　従業員は、テレワーク中に生じた廃棄物について、当該廃棄物が廃棄物処理法上の産業廃棄物に該当するか、事業系一般廃棄物に該当するかを問わず、適宜勤務先に連絡したうえで対応する等、適切にその処分等についての対応を行わなければならない。

（早見表等の作成）

第○条　○○○○は、「産業廃棄物に該当するもの」「事業系一般廃棄物に該当するもの」等の早見表の作成や自治体が作成する廃棄物の処理に関するパンフレット等を閲覧できるようにすることによって、テレワーク中の従業員に正しい廃棄物処理を周知するよう努める。

（テレワーク中の廃棄物の管理体制）

第○条　テレワーク中の従業員の廃棄物の処分等に関し、○○○○（本店等）にテレワーク中の従業員の廃棄物の処分等に関する責任者を置くものとする。

2　前項の責任者は、テレワーク中の従業員から事業活動から生じる廃棄物（会社の備品を含む）に関する連絡を受けた場合、廃棄物の種別を判断し、種別ごとに従業員に対して適切な処分方法を連絡する。

3　従業員から連絡を受けた廃棄物が産業廃棄物に該当する場合、第１項の責任者は廃棄物処理法の定めに従った処分等を行うため、産業廃棄物の運搬・処理業者に委託をするほか、従業員に対しても産業廃棄物の保管等に関して必要な指示を行う。

4　従業員から連絡を受けた廃棄物が事業系一般廃棄物に該当する場合、第１項の責任者は各自治体の定めに従った処分等を行うため、事業系一般廃棄物の運搬・処理業者や従業員に対して必要な指示を行う。

（社用 PC の処分について）

第○条　テレワーク勤務中の従業員が、社用の PC についての不具合を申し出た場合、○○○○において状況を確認した上、修理や廃棄等の対応を決定する。 2　社用 PC に機密情報等が含まれている場合、選定した専門業者によるデータの完全消去または物理的破壊により再利用不可能な措置をとらせることで、機密情報が外部へ漏洩することを防止しなければならない。 3　社用 PC を処分する場合には、○○○○において有価物として処分するか、あるいは廃棄物処理法、資源有効利用促進法、小型家電リサイクル法等の処理方針を決定する。

（テレワーク勤務中の文書の処理について）

※原則として社内における紙文書の廃棄に関する規程と同様です。

第○条　テレワーク勤務中の従業員は、文書について随時整理し、種類ごとに適切な対応をとった後、不要な紙文書は速やかにシュレッダー細断等によって廃棄し、不要な電子ファイルは不断に消去するものとする。

2　文書の裏紙利用は禁止する。

3　保存期間が満了した文書は、原則として廃棄・消去するものとする。

4　文書を廃棄する際は、テレワーク勤務中の従業員は○○○○へ連絡する。○○○○は、廃棄する文書について記録する。

5　処理業者を利用して文書の廃棄をした場合には、廃棄証明書を取得し、○○○○において○年間保管する。

6　機密文書を廃棄するときは、細断又は溶解によって行い、外部記憶媒体を消去するときは、読み取りが不可能な状態にする。

（文書の持ち出し）

第○条　○○○○（本店等）から文書をテレワーク勤務先に持ち出すときは、別の定めによる。
2　機密文書は原則としてテレワーク先に持ち出してはならない。ただし、○○○○の承認を得たときはこの限りではない。

（発送）

第○条　○○○○（本店等）からテレワーク先へ文書等を発送する場合、原則として○○○○において管理し、重要なものは内容、点数等を記録する。
2　テレワーク先から○○○○（本店等）へ文書等を発送する場合、従業員は事前に○○○○に対して連絡の上、送付する文書等の内容、点数等の詳細を連絡し、承認を得ることとする。
3　○○○○は、前項の規定により従業員から文書等の発送に関する連絡を受けた場合、当該文書等が産業廃棄物に該当しないか（事業系一般廃棄物に該当する場合には、条例による規制がなされていないか）確認のうえ、従業員に対して必要な指示を行う。

（テレワーク勤務中の機密情報の管理について）

第○条　テレワーク勤務中の従業員は、○○○○が認めた場合を除き、機密情報を含んだハードウェア環境の変更を禁止する。
2　テレワーク勤務中の従業員は、テレワーク勤務の必要性からソフトウェア環境の変更が必要な場合には、○○○○に申請し、当該変更を実施する。

（廃棄時のデータ消去）

第○条　テレワーク勤務中の従業員が、情報機器（USB メディア等を含む）を廃棄する場合は、予め○○○○に連絡するものとする。
2　○○○○は、テレワーク勤務中の従業員が、情報機器（USB メディア等を含む）を廃棄したい旨の連絡を受けた場合、選定した専門業者によるデータの完全消去または物理的破壊により再利用不可能な措置をとらせることで、機密情報が外部へ漏洩することを防止しなければならない。

索　引

〔あ〕

一般廃棄物……7
エネルギー起源二酸化炭素……18
エネルギー起源二酸化炭素以外の温室効果ガス……18

〔か〕

海岸漂着物処理推進法……19
家庭系一般廃棄物……35, 52, 66
感染性廃棄物……126
機密情報管理……98
小型家電リサイクル法……11, 56, 58, 106, 108, 114
小型電子機器等……11
個人情報保護法……25

〔さ〕

再資源化計画書……23
産業廃棄物……7, 8, 34, 39, 50, 51, 54, 61, 66
産業廃棄物保管基準……88
事業系一般廃棄物……35, 43, 50, 51, 52, 54, 61, 62, 66, 82
事業系廃棄物……66
資源有効利用促進法……13, 59, 106, 108, 116
自己搬入……81
指定再資源化製品……15
指定再利用促進製品……14
指定省資源化製品……105
社内規程……92
使用済小型電子機器等……11
情報セキュリティポリシー……99

〔た〕

地球温暖化対策法……17
テレワーク……28, 33, 61
電子廃棄物……109, 114
特別管理一般廃棄物……126
特別管理産業廃棄物……7, 35

〔は〕

廃棄物処理法……7, 39, 59, 107, 109
排出事業者責任……40
不正競争防止法……24
不法焼却（野外焼却）……70
プラスチック資源循環法……21
プラスチック使用製品設計指針……21

〔ま〕

マイクロプラスチック……19
マニフェスト……8

〔や〕

有価物……55
容器包装廃棄物……9, 10
容器包装リサイクル法……9

〔ら〕

リサイクル……114
リモート・デジタル化……2
両罰規定……79
労働安全衛生法……119

〔わ〕

ワンウェイプラスチック……………… *22*

著者略歴

永野　亮（ながの　りょう）

【職歴等】

2012年12月	弁護士登録（東京弁護士会）
2012年12月～2018年６月	山下・渡辺法律事務所
2014年４月～2018年３月	中央大学法科大学院実務家講師
2014年９月～2016年８月	中央大学法科大学院同窓会会長
2016年４月～2018年４月	東京弁護士会法教育委員会副委員長
2016年４月～2018年２月	日本弁護士連合会市民のための法教育委員会委員
2017年４月～2018年４月	文部科学省原子力損害賠償紛争解決センター調査官
2018年６月～2019年５月	UC Davis School of Law（LL.M.）
2020年９月～	つばさ法律事務所にパートナーとして参画
2021年４月～	日本スペースロー研究会理事
2021年４月～	中央大学法学部非常勤講師
2021年11月～	東京弁護士会広報室嘱託

【書籍等】

単著

・「見落としがちなポイントがわかる　ケーススタディ 環境法令管理実践ガイド」第一法規、2019年

東京弁護士会 親和全期会編著

・「こんなところでつまずかない！　弁護士21のルール」第一法規、2015年（分担執筆）
・「こんなところでつまずかない！　交通事故事件21のメソッド」第一法規、2016年（分担執筆）
・「こんなところでつまずかない！　離婚事件21のメソッド」第一法規、2017年（分担執筆）
・「こんなところでつまずかない！　不動産事件21のメソッド」第一法規、2017年（分担執筆）
・「こんなところでつまずかない！　相続事件21のメソッド」第一法規、2018年（分担執筆）

その他

・企業活動法令遵守研究会 編集「フロー＆チェック　企業法務コンプライアンスの手引き」新日本法規出版、2016年（分担執筆）
・「PRESIDENT」2016. 11.14号、プレジデント社（インタビュー記事掲載）
・「会社法務A2Z」2021年１月号、第一法規（環境関連法令・SDGs に関する執筆記事掲載）

・「会社法務A2Z」2021年２月号、第一法規（環境関連法令・SDGs に関する執筆記事掲載）
・「会社法務A2Z」2022年１月号、第一法規（環境関連法令・SDGs に関する執筆記事掲載）　など

【SNS 等】
Youtube 等でも身近な法律解説をやっております。
是非チャンネル登録、Twitter のフォローをお願いいたします。

Youtube
https://www.youtube.com/c/ryo_nagano

Twitter
https://twitter.com/bengoshi_combi

サービス・インフォメーション

通話無料

①商品に関するご照会・お申込みのご依頼
TEL 0120(203)694／FAX 0120(302)640

②ご住所・ご名義等各種変更のご連絡
TEL 0120(203)696／FAX 0120(202)974

③請求・お支払いに関するご照会・ご要望
TEL 0120(203)695／FAX 0120(202)973

●フリーダイヤル(TEL)の受付時間は、土・日・祝日を除く
9:00〜17:30です。

●FAXは24時間受け付けておりますので、あわせてご利用ください。

〜ポストコロナ時代のテレワーク＆オフィス対応〜
総務担当者のための廃棄物処理・情報管理 Q&A
そのゴミ、家で捨てると違法かも!?

2022年4月30日　初版発行

著　者　永　野　　亮

発行者　田　中　英　弥

発行所　第一法規株式会社
〒107-8560　東京都港区南青山2-11-17
ホームページ　https://www.daiichihoki.co.jp/

コロナ廃棄物　ISBN978-4-474-07761-4　C2036　(0)